AF554448

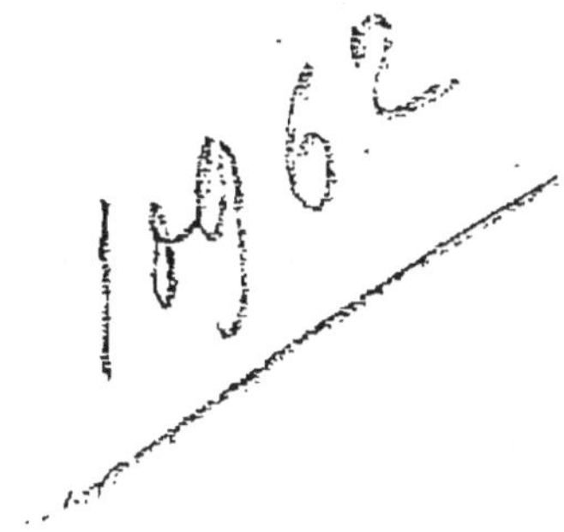

LES

QUESTIONS AGRICOLES

D'HIER ET D'AUJOURD'HUI

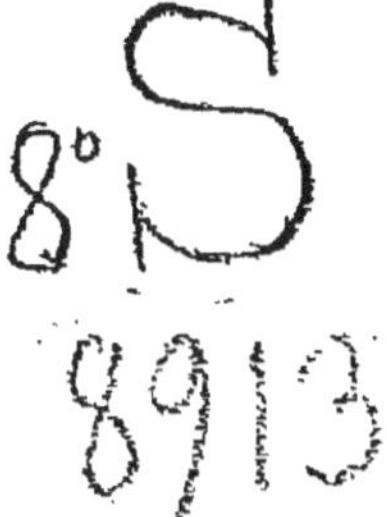
8° S
8913

OUVRAGES DU MÊME AUTEUR

Code manuel du propriétaire-agriculteur. 1 vol. in-18, 400 pages. Paris, Giard et Brière, éditeurs.

POUR PARAITRE PROCHAINEMENT

Histoire des variations du revenu et des prix des terres en France depuis 1789 jusqu'à nos jours. (Ouvrage couronné par l'Académie des sciences morales et politiques. Prix Léon Faucher.)

Histoire économique de la propriété foncière au XVIIe et au XVIIIe siècle. (Ouvrage couronné par l'Académie des sciences morales et politiques. Prix Rossi.)

LES

QUESTIONS AGRICOLES

D'HIER ET D'AUJOURD'HUI

CHRONIQUE AGRICOLE DU « JOURNAL DES DÉBATS »

PAR

M. DANIEL ZOLLA
LAURÉAT DE L'INSTITUT
PROFESSEUR A L'ÉCOLE LIBRE DES SCIENCES POLITIQUES

PREMIÈRE SÉRIE

PARIS
ANCIENNE LIBRAIRIE GERMER BAILLIÈRE ET Cie
FÉLIX ALCAN, ÉDITEUR
108, BOULEVARD SAINT-GERMAIN, 108

1894

Tous droits réservés.

INTRODUCTION

Ce livre n'est pas seulement destiné aux agriculteurs; en l'écrivant nous avons eu le dessein et l'ambition de faire connaître au public quelques-unes des questions économiques ou scientifiques qui se rapportent à notre grande industrie agricole.

Trop peu de personnes comprennent l'intérêt de ces problèmes, parce qu'elles n'en ont pas discerné toute la portée.

L'agriculture a pour objet de fournir à un peuple les denrées alimentaires dont il se nourrit, et les matières premières que transforme son industrie. A ce double point de vue, la production agricole présente déjà une importance sans égale.

En France même, où l'activité industrielle est

si féconde et si variée dans ses manifestations, l'agriculture l'emporte encore sur toutes les industries par la valeur de ses produits, par la masse des capitaux qu'elle met en œuvre, par le chiffre des transactions qu'elle provoque, par le nombre des bras qu'elle occupe, par l'importance sociale et politique des questions qui s'y rattachent.

Quelle est la valeur du produit brut de l'industrie française considérée dans son ensemble? Elle s'élève, selon M. de Foville (1), à 12 milliards de francs. Ce chiffre correspond, en réalité, à la valeur totale des matières premières et à la plus-value que leur ont fait acquérir les transformations dont elles sont l'objet. Le produit véritable du travail industriel ne représente peut-être pas les trois quarts de cette somme considérable.

A lui seul, le produit brut de l'agriculture, c'est-à-dire le montant des valeurs créées par elle, doubles emplois déduits, dépasse certainement 11 milliards.

(1) *La France économique.*

Le capital représenté par les millions de parcelles culturales entre lesquelles se divise le territoire de la France, s'élève à 90 milliards.

Le bétail, les fourrages, les semences, les instruments agricoles, en un mot, les capitaux d'exploitation de nos cultivateurs représentent, en outre, plus de 13 milliards.

La valeur énorme des produits agricoles nous fait déjà pressentir l'importance exceptionnelle des transactions intérieures dont ils sont l'objet. Qu'il nous suffise d'ajouter que près du tiers de nos exportations et un peu plus de la moitié de nos importations sont représentés par des produits agricoles.

La population industrielle dénombrée en France, s'élève, il est vrai, à plus de 9 millions de personnes, mais la population agricole est presque double, et comprend 18 millions de Français, soit 47 0/0 de la population totale.

Enfin, n'est-il pas visible que la division de la propriété et de la culture, ces deux problèmes si distincts et pourtant si souvent confondus, ont une importance sociale et politique que tout le monde reconnaît?

A qui appartient la terre de France? Est-elle aux mains des millions de travailleurs qui la fécondent par leur labeur, et lui demandent leur subsistance en échange de leurs soins? A-t-elle été accaparée, au contraire, par quelques milliers d'hommes constituant une aristocratie foncière?

Ce problème si grave préoccupe tous ceux qui voudraient gagner à la cause du socialisme contemporain, la population des campagnes; il n'intéresse pas moins les hommes qui luttent avec courage contre ces tendances et en dénoncent les dangers avec toute la clairvoyance de leur patriotisme et de leur bon sens.

Pour interpréter sainement les statistiques relatives à la division de la propriété, il est indispensable de connaître et d'apprécier les causes qui expliquent le morcellement des héritages ruraux.

Ce ne sont pas seulement les lois civiles qui exercent une influence sur la division de la propriété. La dimension des domaines est réglée par la valeur proportionnelle qu'ils acquièrent selon qu'on leur a donné une étendue plus ou moins grande. Cette valeur dépend, à son tour, de diverses circonstances économiques et agricoles. Elle varie avec le degré de richesse des populations, et surtout avec les profits qu'assure au propriétaire la jouissance d'un héritage dont l'étendue est liée à la nature du sol, à l'espèce des produits, aux frais de main-d'œuvre qu'exigent ces derniers, aux capitaux d'exploitation des cultivateurs et aux débouchés qui leur sont ouverts.

On confond souvent la division de la culture avec celle de la propriété. Cette erreur a pour cause, également, l'ignorance des lois économiques qui règlent la dimension de l'exploitation rurale, c'est-à-dire de l'unité culturale, administrée par une même personne à titre de fermier, de métayer ou de propriétaire-cultivateur. Ce n'est pas l'étendue des propriétés qui décide de celle des cultures. Les plus grands domaines sont partout divisés en petites exploitations, si le morcellement procure, en définitive, au propriétaire des revenus plus considérables parce qu'il assure au cultivateur des profits plus élevés.

L'État n'a pas, comme on le croit, le pouvoir

de diviser à son gré la propriété ou la culture ; c'est se tromper encore que de proclamer d'une façon absolue, au nom des intérêts de la démocratie rurale, le mérite supérieur de la petite propriété ou de la petite culture.

Cette question ne peut être résolue comme un problème de géométrie. A des conditions économiques et agricoles diverses doivent correspondre des solutions différentes.

Le caprice d'un administrateur ou la science incertaine d'un homme d'État ne peut pas modifier ces conditions, et régler la division des héritages en même temps que celle des exploitations.

Soumise depuis près d'un siècle aux mêmes lois civiles, la propriété rurale est plus ou moins morcelée selon les régions de la France que l'on considère. Ici la division du sol s'accentue et s'accélère ; là, au contraire, elle est toute différente, et les domaines morcelés sont réunis pour constituer un seul héritage.

Les mêmes faits s'observent à propos de la division des exploitations.

Dans tous les cas, l'ordre de choses nouveau est préférable à celui qui l'a précédé ; parce que toute transformation de ce genre a pour cause la supériorité des gains qu'elle assure (1).

Ces quelques lignes suffiraient, peut-être, à faire comprendre l'importance des questions agricoles envisagées au point de vue économique.

Il n'est pas inutile, cependant, de rappeler qu'à côté des problèmes si mal connus, de la dimension des propriétés ou des cultures, on en peut trouver d'autres qui ne sont pas moins importants bien qu'ils soient plus obscurs.

Quels sont dans notre pays les modes d'exploitation du sol; qu'est-ce que le fermage ou le métayage? Ces contrats si rigides et si simples en apparence, sont en réalité, aussi souples, aussi variés, que des contrats d'association; ils changent avec les conditions de la culture, avec la nature des produits obtenus, avec la richesse du sol et celle des populations rurales. Ils donnent naissance et ils règlent, en même temps, des opérations de crédit portant sur des valeurs énormes. Le public ignore ces faits; il n'en dis-

(1) Voir le chapitre XX, page 340 de ce volume.

cerne ordinairement ni le caractère ni la portée.

Au point de vue social, un contrat comme le métayage qui met à la disposition du travailleur rural les quatre cinquièmes des capitaux dont il a besoin pour exercer son industrie, présente, cependant, un intérêt considérable.

On chercherait vainement, ailleurs que dans l'industrie agricole, des modèles d'association plus favorables aux travailleurs qui veulent s'élever à la position d'entrepreneurs et cherchent à emprunter le capital dont ils ont besoin pour cet objet (1).

Ces faits pourtant et bien d'autres encore, qu'il serait trop long d'exposer, ne sont pas connus du public. L'agriculture lui apparaît comme une industrie misérable, et son injuste dédain s'étend aux hommes qui l'exercent. En cherchant dans le passé non seulement l'origine de ses institutions politiques, mais encore celle de son état économique, l'historien pourrait expliquer déjà les raisons de cet étrange ostracisme. Groupés dans les villes, plus fortement unis les uns

(1) Voir le chapitre III, page 34 de ce volume.

aux autres, et formant des associations plus riches, partant plus puissantes, les artisans ont inspiré plus d'intérêt parce qu'ils paraissaient mériter plus de ménagements et de considération. La politique royale en brisant systématiquement les liens qui unissaient la noblesse féodale aux populations des campagnes laissa le paysan isolé.

A un autre point de vue, l'industrie proprement dite attira l'attention du public et la fixa trop exclusivement. La production agricole semble, en effet, différer de la production industrielle. Le cultivateur ne se borne-t-il pas à attendre que la nature ait achevé son œuvre; s'il sème, s'il plante, s'il travaille le sol, son labeur obscur et facile a-t-il une action immédiate et visible sur la production; n'est-ce pas la collaboration des forces mystérieuses et toutes puissantes de la Nature qui lui assure une récolte?

Combien est plus personnelle et plus sensible l'action de l'industriel sur la matière! Sous nos yeux la main de l'ouvrier tourne l'argile, et lui donne sa forme; elle file le brin de chanvre ou de lin, et bientôt elle le tisse. En quelques heures, le minerai donne un métal et le forgeron en fait un instrument. Dans l'industrie, l'instrument, l'outil, la machine jouent un rôle prépondérant : ce sont eux qui facilitent ou même opèrent seuls avec une étonnante précision et une infatigable énergie, la transformation principale que l'homme s'est proposé de réaliser. Les progrès surprenants de la mécanique moderne ont révélé à tous le rôle merveilleux de la machine conçue et réglée par l'homme; ils ont démontré avec éclat notre pouvoir sur la matière et ouvert aux espérances un champ sans limites.

Rien de pareil, semble-t-il, en agriculture. La machine ne joue dans cette industrie qu'un rôle assez effacé. Les trois agents de transformation que l'homme utilise dans les campagnes sont : la terre, la plante et l'animal. Or, les lois qui règlent les combinaisons chimiques dont le sol est le théâtre, celles qui décident de la vie des plantes ou du développement de l'animal sont à peine entrevues depuis un demi-siècle. En insistant sur ce point et en développant notre pensée, nous pourrions montrer en même temps l'erreur de ceux qui voient dans l'agriculture une industrie sans avenir, et les raisons cachées de la lenteur avec laquelle s'est développée la production rurale dans les pays civilisés.

Qu'on ne se hâte donc pas d'accuser d'inintelligence ou de routine la moitié de la population d'une nation. Les difficultés de la production agricole sont si grandes et les mystères en sont si profonds qu'on doit rester indulgent pour ceux qui avaient à triompher des unes, et à pénétrer les autres.

Certes, l'Agriculture a été l'une des premières industries de l'homme. La logique des choses a voulu qu'elle pût être perfectionnée seulement par l'application de découvertes scientifiques toutes nouvelles. En revanche, la portée de ces découvertes est considérable, et il n'y a pas d'exagération à soutenir qu'elle ne peut être exactement limitée.

Il importe donc de connaître ces découvertes, d'en montrer le caractère économique, et de faire voir que l'application en est possible parce qu'elle devient lucrative.

Ce dernier mot a une importance capitale. L'accroissement de la production agricole n'est réalisable qu'à la condition d'être lucratif. L'agriculteur n'a pas pour devoir de se sacrifier au bien public et d'exercer sans profits son utile industrie. Cette industrie est au contraire d'autant plus utile, et l'habileté des cultivateurs est d'autant plus grande, que les gains réalisés sont plus considérables. Ce sont ces derniers qui doivent décider en toute occasion du choix des systèmes de culture et servir à mesurer le mérite professionnel de ceux qui les ont choisis.

On croit, généralement, que l'agriculture ne peut pas rémunérer d'une façon suffisante les capitaux qu'elle met en œuvre. Cette opinion est soutenue par ceux qui voudraient obtenir un allègement des charges fiscales de l'industrie agricole, ou un relèvement des droits de douane destinés à élever le prix de ses produits. Nous ne saurions la partager. Elle nous paraît, à la fois, inexacte et dangereuse : inexacte, parce que l'on confond presque toujours la rémunération des capitaux fonciers, avec les profits correspondant à la mise en œuvre des capitaux d'exploitation ; dangereuse aussi, parce que cette conviction a pour conséquence de détourner de l'agriculture les capitaux et les activités éclairées dont elle a besoin pour grandir.

Dans cet ouvrage, nous ferons allusion aux profits réalisés en agriculture, de même que nous insisterons à bien des reprises sur l'intérêt économique des méthodes de culture, dont nous parlions tout à l'heure.

II

Si intéressante qu'elle soit, la production agricole ne mérite pas seule d'être étudiée avec soin. Les richesses produites doivent circuler; elles s'échangent d'une extrémité à l'autre de notre pays, et le commerce extérieur lui-même porte sur un très grand nombre de produits agricoles. Quelle est, à ce dernier point de vue, la situation de la France ? Les denrées alimentaires et les matières premières venues de l'étranger tendent-elles à envahir notre marché ? Tout le monde sait avec quelle ardeur passionnée cette question a été discutée récemment à propos de l'établissement d'un nouveau tarif de douanes.

Quand on cherche, sans parti pris, à s'éclairer, lorsqu'on étudie les faits pour en chercher la signification et la portée, il nous semble que la situation de l'agriculture nationale n'apparaît pas sous les sombres couleurs dont on l'a revêtue.

Contrairement à une opinion trop répandue, les exportations agricoles de la France n'ont cessé de s'accroître jusqu'à ces dernières années. De plus, l'importance relative de nos ventes à l'étranger a également augmenté jusqu'en 1887, en ce qui concerne les produits de notre sol.

Voici (1) la preuve de ce que nous avançons :

COMMERCE EXTÉRIEUR DES PRODUITS AGRICOLES EN FRANCE
(Commerce spécial.)

	1827-36	1837-46	1847-56	1857-66	1867-76	1877-86	1887-92
Exportations agric. (valeur en millions de fr.)	103	120.7	280.4	665.9	1003	1051.3	1020.5
Export. totales . . (millions de fr.)	521	713	1224	2430	3307	3347	3503
Rapport des exportations agricoles aux exportations totales.	0.19	0.16	0.22	0.27	0.30	0.31	0.29

(1) Voir pour plus de détails, et pour l'indication des sources notre étude sur le *Commerce des produits agricoles*

Nos exportations agricoles ne représentaient, de 1827 à 1836, que 19 0/0 des exportations totales de la France; cette proportion s'élève à 31 0/0 jusqu'en 1887, et s'abaisse seulement à 29 0/0 de 1887 à 1892. Loin de devenir une nation exclusivement industrielle, la France, peut donc vendre à l'étranger une masse de plus en plus grande de produits agricoles, et elle fait à ces derniers une part de plus en plus large dans ses exportations. C'est là une observation dont l'importance n'échappera à personne.

Examinons, maintenant, le mouvement des importations.

COMMERCE EXTÉRIEUR DES PRODUITS AGRICOLES EN FRANCE
(Commerce spécial.)

	1827-36	1837-46	1847-56	1857-66	1867-76	1877-86	1887-92
Importations agric. (millions de fr.)	189	309	539	1081	1790	2524	2377
Import. totales . . (millions de fr.)	480	776	1077	2260	3408	4460	4361
Rapport des importations agricoles aux importations totales.	0.39	0.39	0.50	0.49	0 52	0 56	0.54

en France et à l'étranger : Annales agronomiques. Année 1890. Paris, Masson, éditeur.

L'accroissement des valeurs importées, en ce qui concerne les produits agricoles, est certes bien visible. L'importance relative de nos importations agricoles n'a, cependant, que faiblement augmenté. Elle diminue même durant la dernière période, et si nous tenions compte des achats énormes de vins qui sont dus aux ravages du phylloxéra, le rapport indiqué plus haut s'abaisserait de 54 0/0 à 50 0/0. Il ne serait donc pas plus élevé que durant la période 1847-1856.

La concurrence étrangère si redoutée par l'agriculture n'a pas modifié la constitution de notre commerce extérieur. On n'a pas vu augmenter l'importance relative des denrées alimentaires ou des matières premières qui figurent dans nos importations. Quant à l'accroissement absolu de ces dernières, il constitue un phénomène économique très général ; en jetant les yeux sur le tableau précédent, on peut voir que, depuis 1827 jusqu'à 1887, et, par conséquent, sous tous les régimes économiques, la France a demandé à l'étranger une masse de produits agricoles, qui est de plus en plus considérable.

On pourrait croire que l'accroissement des

importations agricoles a été plus rapide et plus marqué à mesure que l'on se rapprochait de la période actuelle. C'est là une erreur. Pour le prouver, il suffit de constater la différence des valeurs moyennes importées durant une période et durant celle qui la précède, puis de comparer cette différence au chiffre des importations de la période antérieure.

Voici les résultats de ces calculs :

IMPORTATIONS AGRICOLES

	Écarts absolus et relatifs constatés durant chaque période par rapport à la période précédente.	
	Écarts absolus.	Écarts p. 100.
	millions de fr.	
1837-46.	+ 120	+ 63
1847-56.	+ 230	+ 74
1857-66.	+ 542	+ 100
1867-76.	+ 709	+ 65
1877-86.	+ 734	+ 41
1887-92.	— 147	— 2

Non seulement la valeur des importations de produits agricoles, s'accroît, d'année en année, depuis 1827 jusqu'à 1867, mais encore, il est certain que cette augmentation est de plus en plus rapide.

A partir de 1867, le mouvement est plus lent déjà. Enfin, depuis 1887 jusqu'à 1892, c'est une diminution absolue et relative que l'on constate.

Cette question de l'accroissement des importations n'est pas, d'ailleurs, celle qui préoccupe le plus vivement les esprits. En réalité, si l'on croit que les achats faits à l'étranger exercent une influence fâcheuse sur le développement de la production agricole ou de la richesse publique, c'est qu'on leur attribue une action décisive sur les prix. Tant que le cours des céréales est resté élevé, et que celui des autres produits agricoles a constamment, et en quelque sorte, régulièrement augmenté, comme cela s'est produit, en général, de 1855 à 1873, le public s'est fort peu préoccupé du mouvement des importations.

La baisse qui s'est produite à partir de 1873, particulièrement en ce qui concerne les céréales, a provoqué, au contraire, les plaintes les plus vives et appelé de nouveau l'attention sur notre commerce extérieur. Les augmentations absolues des importations agricoles ont, alors, très vivement frappé les esprits ; et comme il fallait trouver une explication simple de la baisse des cours, on n'a pas hésité à accuser hautement notre régime douanier d'avoir provoqué l'invasion des produits étrangers, en même temps que la réduction des prix à l'intérieur du pays.

Ainsi présentée et exprimée, cette opinion nous paraît fausse parce qu'elle est trop absolue. Il est fort possible que la concurrence des « pays neufs » ait fait baisser le prix de quelques produits, comme les laines et les céréales ; la réduction des frais de transport a exercé la même influence générale ; mais il ne faut pas oublier que la baisse des prix est un phénomène général dans l'Europe entière et qu'elle atteint les produits industriels aussi bien que les denrées agricoles, les matières minérales comme les matières d'origine animale.

Ces variations générales des prix ne constituent pas un phénomène économique nouveau. Depuis le commencement du XVIIIe siècle jusqu'à nos jours, on peut compter et étudier cinq périodes distinctes durant lesquelles la marche des cours des denrées agricoles a présenté des fluctuations caractéristiques.

Pendant la première moitié du XVIIIe siècle, c'est une baisse accentuée et une longue stagnation des prix que l'on constate. La hausse est, au contraire, nettement accusée à partir de 1760. Bientôt après, elle s'accentue et s'accélère. Ce mouvement ascensionnel peut être observé jusqu'à la fin du premier Empire.

Pendant la Restauration et le gouvernement de Juillet, les prix baissent et restent stationnaires, mais ils s'élèvent soudain avec une incroyable rapidité, depuis 1853 jusqu'en 1873, puis semblent fléchir rapidement à partir de 1883 jusqu'à cette heure.

Chose fort naturelle, les opinions économiques du public, relativement à notre régime douanier, ont fidèlement suivi la marche des prix au XIXe siècle. Les importations agricoles restées si faibles jusqu'en 1852, paraissaient encore trop considérables. On s'efforçait alors de les réduire pour élever les cours. Ceux-ci montent rapidement durant le second Empire, et peu de gens s'effraient de l'accroissement des importations étrangères. Les prix viennent-ils à fléchir de nouveau à partir de 1873 et de 1883? Aussitôt les mêmes craintes renaissent, et la concurrence étrangère est une fois de plus accusée de provoquer une baisse générale que l'élévation des droits de douane est impuissante, d'ailleurs, à limiter.

Est-il possible de rattacher à quelques causes générales ces oscillations des prix dont les conséquences sont si graves? Nous croyons que les variations du pouvoir d'achat des métaux précieux, variations liées, d'ailleurs, à leur abondance ou à leur rareté relative, ne sont pas étrangères aux mouvements des cours.

Il existe, en tous cas, une relation très instructive et très frappante entre la production des métaux monétaires et les fluctuations générales des prix, depuis le commencement du XVIIIe siècle jusqu'en 1873. La baisse des prix coïncide avec une diminution nettement accusée de la production des métaux précieux, et la hausse se produit, au contraire, lorsque l'abondance des espèces métalliques devenant sensible, la monnaie peut avoir perdu une partie de son pouvoir d'achat.

A partir de 1873, des circonstances spéciales paraissent expliquer l'abaissement graduel du niveau des prix, et permettent de rattacher ce phénomène à l'augmentation du pouvoir d'achat de l'or. C'est là, en tous cas, une hypothèse séduisante. Il convient de l'admettre avec réserve sans oublier que les conditions économiques nouvelles de la production ont eu, certainement, une influence marquée sur la marche des prix.

Le lecteur trouvera dans ce volume un chapitre qui se rapporte à la question de la baisse du prix des produits agricoles (1).

A propos de la production des richesses agricoles, nous aurions pu signaler l'existence et rappeler les avantages des sociétés coopératives qui fonctionnent sur beaucoup de points de la France. Ces utiles associations ont pour objet de faciliter et d'améliorer la production de certaines denrées comme le beurre ou les fromages; mais elles servent également à en assurer la vente dans les meilleures conditions.

(1) Voir le chapitre XVII, page 284 de ce volume.

Il est donc naturel d'y faire allusion en ce moment.

Quelques-unes de nos études (1) sont consacrées précisément aux sociétés coopératives connues sous le nom de « Beurreries » ou de « Fruitières ».

Beaucoup de personnes se plaignent avec amertume des sacrifices que leur imposent l'avidité et l'habileté consommée des « intermédiaires ». Si ces derniers sont, en effet, âpres au gain, on ne saurait leur en faire un grief bien sérieux. L'inconcevable indifférence des producteurs, et la soumission toute passive des consommateurs nous paraît singulièrement plus blâmable.

Est-il impossible de concilier à la fois les intérêts de nos agriculteurs et ceux du public en faisant aux premiers des achats directs par l'intermédiaire d'une société coopérative? Nous ne le pensons pas. Quelques personnes avisées ont prouvé que le problème n'était pas insoluble, et cette démonstration a été d'autant plus brillante que le succès a couronné leurs efforts.

(1) Voir les chapitres III et X, pages 55 et 153 de ce volume.

Nous aurons soin de signaler ces tentatives et d'en retracer l'histoire dans l'un des chapitres de ce volume (1).

En dehors de ces sujets spéciaux combien d'autres sont encore dignes de fixer l'attention du public! La question du crédit agricole toujours agitée et jamais résolue présente un intérêt permanent. On a dit, on a répété que seule de toutes nos industries l'agriculture était privée des bienfaits du crédit. C'est là, à notre avis, une exagération et une erreur. Nous nous efforcerons de prouver, au contraire, que l'agriculteur, fermier, ou métayer, jouit, en fait, d'un crédit très étendu, très facile, très sûr et bien peu coûteux. Si d'autre part, les entrepreneurs de culture ne font pas appel au crédit dans les mêmes conditions que les industriels ou les commerçants, on peut expliquer ces différences par des raisons qui tiennent non pas à la nature de l'industrie agricole, mais surtout au caractère spécial des opérations commerciales auxquelles se livrent les habitants de nos campagnes.

(1) Voir le chapitre VI, page 84 de ce volume.

Est-ce à dire qu'il n'y ait rien à faire pour donner à l'agriculture, d'une façon plus large, les facilités du Crédit? Nous ne le croyons pas. Mais il faut se garder à ce sujet des illusions ou des exagérations. Ce ne sont pas les capitaux qui manquent surtout à l'agriculture, ce sont les moyens d'en tirer parti. Accroître brusquement le capital de culture dans l'espoir qu'on donnera à cette grande industrie une vie nouvelle et une prospérité incomparable, c'est commettre une faute. Avant de modifier les méthodes de production et les systèmes de culture, il faut être sûr que ces transformations seront lucratives, il faut inspirer à nos millions d'agriculteurs la confiance qui leur manque, et leur donner surtout une instruction professionnelle plus complète.

Il est très facile, en vérité, d'emprunter et de s'endetter, mais nos cultivateurs honnêtes et prévoyants ne s'exposeront pas au danger des dettes imprudemment contractées, sans savoir comment ils parviendront à les rembourser. Avec une secrète méfiance, qui pourrait passer à juste titre pour du tact politique, ils repousseront également les offres que pourrait leur faire un groupe d'hommes représentant l'aristocratie foncière ou financière de chaque région ou de chaque localité.

Toutes les fois qu'il s'agira de Crédit rural, ce seront les emprunteurs sérieux et honorables qui feront défaut.

III

Dans les pages qui précèdent, nous venons de marquer à grands traits le caractère des principales questions qui se rapportent à la production ou à la circulation des richesses agricoles. Est-il besoin de signaler toute l'importance de celles qui concernent la répartition du produit brut de l'agriculture ?

L'étude des variations des salaires ruraux n'intéresse pas moins l'économiste que l'agriculteur lui-même. La période que nous traversons en ce moment est remarquable par la fixité du taux des salaires agricoles et par la baisse considérable des produits. Est-ce là un fait isolé, ou bien peut-on constater à d'autres époques cette bizarre anomalie, ce contraste si curieux entre la marche des salaires et celle du prix des denrées alimentaires ou des matières premières ? Peut-on affirmer, comme on l'a fait souvent, que les salaires agricoles suivent la marche des profits réalisés par les entrepreneurs de culture, ou celle des revenus fonciers ?

Nous ne croyons pas qu'il ait été déjà publié une étude sérieuse, basée sur des faits nombreux, et montrant avec clarté le lien qui unit ces trois questions.

A propos de la valeur du sol et de ses variations, nous nous trouvons en présence d'une théorie célèbre, celle de Ricardo, sur la rente foncière. Est-il vrai que le prix ou les revenus de la terre tendent à s'élever d'un mouvement régulier et fatal en assurant au propriétaire foncier une part toujours croissante des revenus de la Société, ou des valeurs créées par l'industrie agricole elle-même ? L'histoire économique de la propriété foncière dans notre pays vient-elle confirmer cette doctrine, ou lui inflige-t-elle, au contraire, un éclatant démenti ?

On ne peut se refuser à reconnaître l'intérêt

pratique et l'importance théorique de ce problème. La théorie, ou plus exactement l'hypothèse de Ricardo est-elle exacte? La conséquence nécessaire de cet aveu, c'est que le propriétaire est investi par la loi d'un monopole odieux, et qu'il bénéficie, sans efforts, des fruits du travail d'autrui. — Est-elle fausse, au contraire? Nous pouvons considérer dès lors l'appropriation du sol comme un des modes de la propriété privée, et les alternatives des pertes ou des gains auxquelles sont exposés les propriétaires ruraux ne diffèrent pas de celles que subissent les détenteurs des autres capitaux. Une analyse exacte des faits, et une connaissance approfondie des conditions économiques de la production agricole nous éclairent, en réalité, sur les causes des variations de la valeur des terres.

C'est ainsi qu'on peut opposer aux théories aventureuses des apôtres du socialisme des conclusions solides, basées sur l'étude des faits. C'est encore de cette façon qu'il est possible d'expliquer l'origine et de tracer l'histoire d'une doctrine économique comme celle de Ricardo qui a provoqué tant de discussions. Si le célèbre économiste anglais vivait à une époque où les revenus fonciers s'élevaient d'année en année avec une extrême rapidité, si les prix des produits agricoles suivaient la même marche tandis que les salaires s'accroissaient, au contraire, avec lenteur, n'est-il pas certain, en effet, que ces phénomènes caractéristiques ont exercé sur les opinions de l'auteur une influence considérable? Ces opinions n'auraient-elles pas été toutes différentes si, à la même époque, on avait vu le cours des denrées agricoles fléchir rapidement, ainsi que la valeur du sol, tandis que les salaires restaient, au contraire, aussi élevés que par le passé? Il suffit de poser la question pour la résoudre.

IV

En laissant de côté bien des problèmes attachants, nous arrivons à parler de la consommation des richesses agricoles.

Il s'agit, en réalité, de tout ce qui touche à l'alimentation, et aux matières premières industrielles. Nous connaissons peu de sujets plus dignes de fixer l'attention du public.

Il existe entre la production et la consommation une étroite relation.

« Tant vaut le débit tant vaut la reproduction », disait avec raison un des premiers économistes, le médecin Quesnay. La production des richesses agricoles est donc subordonnée aux débouchés qui leur sont ouverts. La production industrielle reste liée très intimement, elle aussi, à la production agricole. Entre elles, il existe moins d'oppositions passagères d'intérêts que de fécondes solidarités. Pour bien montrer cette solidarité, pour étudier l'économie industrielle d'un pays, il faut donc connaître son économie rurale, et plus on aura approfondi l'étude de cette dernière, plus on se trouvera capable d'aborder la discussion des problèmes économiques de l'industrie.

Ce sont, notamment, les exigences particulières de la consommation industrielle qui expliquent les mouvements et la constitution de notre commerce extérieur. Peut-on croire, par exemple, que les énormes importations de matières premières constatées dans un pays comme la France, soient dues uniquement au déficit de la production agricole? En réalité, nous exportons une masse considérable de produits qu'utilise l'industrie du monde entier, et nous remplaçons ces marchandises par celles qui répondent mieux, par leurs qualités et leur prix, aux exigences spéciales de notre industrie nationale. D'autre part, les excédents de nos importations de denrées agricoles sont expliqués par nos exportations de produits fabriqués, c'est-à-dire, par les nécessités de la consommation manufacturière.

A propos des consommations publiques, il est d'usage de parler des impôts.

Sous l'influence d'un mouvement d'opinion trop violent pour ne pas être de courte durée, on affirme, aujourd'hui, que notre agriculture accablée de contributions est impuissante à lutter contre la concurrence des pays où l'industrie agricole paraît supporter des charges fiscales moins lourdes. Il est question, en France, de supprimer purement et simplement, d'un trait de plume, le principal de l'impôt foncier. Les calculs les plus fantaisistes, les chiffres les plus bizarres sont acceptés, parfois, sans discussion. Avec une singulière habileté ou une regrettable légèreté, on confond les charges de la propriété rurale avec celles du cultivateur, de l'entrepreneur de culture, de l'ouvrier et du domestique agricole. On compare les contributions acquittées par la population agricole tout entière avec le revenu net imposable des terres, et l'on tire de ce calcul singulier, cette conclusion navrante que l'agriculture verse entre les mains du collecteur d'impôts le *quart* de ses revenus ! A côté du malheureux agriculteur, on nous montre le propriétaire de valeurs industrielles acquittant un impôt dérisoire de 4 0/0 prélevé sur les dividendes ou les intérêts de ses titres. Plus heureux encore, le possesseur de rentes sur l'Etat français n'est soumis à aucune contribution spéciale ! Que faut-il conclure après avoir dénoncé d'aussi criantes injustices, d'aussi flagrantes inégalités, si ce n'est que l'agriculture sacrifiée est la victime d'un régime fiscal odieux?

Nous ne saurions partager de pareilles opinions, parce qu'elles reposent, à notre avis, sur des erreurs, et des confusions dangereuses.

Il nous est impossible de songer à étudier, dans cette Introduction, le problème des charges fiscales de la propriété rurale ou de l'agriculture, mais on trouvera, à tout le moins, dans cet ouvrage un chapitre relatif à l'Impôt foncier (1).

V

Si nous avons réussi à faire comprendre le caractère des Études d'Économie rurale renfermées dans ce volume, on pourra se convaincre sans peine qu'il s'agit de questions économiques se rapportant simplement à l'industrie agricole. En étudiant, à ce point de vue, les problèmes si variés qui concernent l'Agriculture, nous n'avons fait que répondre aux préoccupations du public. Ce qui doit, en effet, nous frapper particulièrement, c'est l'importance extrême des questions économiques aux yeux des agriculteurs, c'est l'intérêt très vif qu'elles excitent, et nous pouvons même ajouter, l'ardeur passionnée avec

(1) Voir chapitre XV, page 246 de ce volume.

laquelle on les discute tous les jours. Les recherches des savants, les découvertes les plus surprenantes et les plus fécondes dans l'avenir, sont loin d'attirer au même degré l'attention du monde agricole; et cela est aisé à comprendre.

Pour le cultivateur la production n'est qu'un moyen; le but véritable de son labeur persévérant c'est le profit. Or celui-ci varie nécessairement avec les capitaux dont dispose l'agriculteur, avec les débouchés ouverts à ses produits, et avec le prix de ces derniers, c'est-à-dire, en résumé, avec les conditions économiques de l'exploitation du sol.

« Il n'y a pas de bonne situation agricole sans une bonne situation économique », disait M. Léonce de Lavergne, et il avait mille fois raison. Voilà pourquoi les agriculteurs s'intéressent si vivement aux questions qui sont dans le domaine de l'Économie politique.

Il importe, d'ailleurs, de remarquer qu'en s'appliquant plus spécialement à la solution des problèmes économiques qui intéressent l'agriculture, on ne fait que reprendre la tradition du passé et suivre la trace des maîtres illustres qui ont fondé la science économique.

Les physiocrates ne se sont-ils pas préoccupés avant toute autre chose des questions agricoles ? Quesnay, le premier et le plus célèbre d'entre eux, a débuté comme écrivain en publiant dans l'Encyclopédie deux articles dont l'un avait pour titre : *Grains*, et l'autre *Fermiers*. Un de ses ouvrages les plus connus et les plus appréciés est intitulé : *Maximes du gouvernement économique d'un royaume agricole.*

N'est-ce pas à un de ses disciples, à Turgot, que l'on doit les plus remarquables études sur le commerce des grains et l'édit de 1774 qui avait donné la solution de ce problème ?

Le nom de Ricardo doit, en grande partie, sa célébrité à une théorie sur la rente foncière; Malthus s'est occupé des rapports de la population et des subsistances, et celui qui, le premier en France, a inauguré l'enseignement de l'économie rurale, Léonce de Lavergne, définissait ainsi le cours qu'il professait :

« Un cours d'économie politique au point de vue des intérêts agricoles. »

L'économie rurale, comme l'économie politique, doit être basée sur l'observation attentive des faits, et, en particulier, sur la connaissance sérieuse, approfondie, de la vie rurale, des conditions diverses de l'exploitation du sol, aussi bien que du milieu économique. Telle que nous la comprenons, elle n'est pas une science abstraite, n'ayant que des points de contact très rares avec la réalité ; elle doit, au contraire, s'inspirer constamment de l'étude des faits scientifiques ou des conditions nouvelles dans lesquelles s'exerce l'industrie agricole.

Voilà pourquoi, dans ce volume, comme dans ceux qui suivront, le lecteur trouvera parfois des études scientifiques, à côté de celles qui se rapportent aux problèmes financiers et économiques dont nous rechercherons plus fréquemment la solution.

D. Zolla.

Paris, 29 juin 1891.

LES

QUESTIONS AGRICOLES

D'HIER ET D'AUJOURD'HUI

I

Les cartes agronomiques. — Le rapport de M. A. Carnot à la Société nationale d'agriculture.

Une commission spéciale, instituée par la Société nationale d'agriculture, avait à examiner, dernièrement, plusieurs *cartes agronomiques*, et à discuter leur valeur. M. Adolphe Carnot, nommé rapporteur, vient de publier à cette occasion une étude très intéressante où se trouvent exposés, avec autant de talent que de largeur de vues, non seulement les méthodes d'exécution, mais encore le but et la portée des cartes agronomiques. Peu de sujets nous semblent plus dignes d'attirer l'attention du public agricole.

Il ne s'agit pas, en effet, d'une question capable d'intéresser seulement un petit nombre de savants. Une carte agronomique a pour objet de donner aux cultivateurs la connaissance rapide et suffisamment exacte du sol sur lequel ils exercent leur industrie. Ce sont les qualités ou les défauts de la terre arable, ses propriétés culturales et les engrais nécessaires pour la rendre féconde qu'une bonne carte de ce genre doit servir à indiquer aux cultivateurs avisés qui connaissent tout l'intérêt des expériences agricoles bien conduites. Eviter, à ce propos, des tâtonnements inutiles; préciser, à l'avance, le champ des recherches qui doivent être fécondes; faire profiter les cultivateurs de toute une région agricole des essais tentés sur quelques points avec succès, c'est-à-dire avec profit, tel est le but que se proposent les auteurs d'une carte agronomique. Comment est-il possible de l'atteindre? C'est ce que nous voudrions montrer aujourd'hui.

Nous nous servons, en agriculture, d'un merveilleux agent de transformation que l'homme n'a ni imaginé ni construit et dont il ignorait, hier encore, la constitution, la nature et la puissance si variable : nous voulons parler de la terre. Celle-ci reçoit la graine que nous lui confions et lui permet de germer ; elle abrite, elle enchâsse ensuite les racines de la plante et fournit à cette dernière les matériaux qu'elle élabore pour produire une denrée alimentaire ou une matière première industrielle.

Depuis longtemps, nous savons que certains sols sont trop humides ou trop secs, trop compacts ou trop légers, et qu'à ces défauts correspond une fertilité médiocre ou une stérilité presque complète. L'irrigation, depuis si longtemps pratiquée, le drainage ou l'assainissement obtenu par divers procédés, l'apport d'une certaine quantité de limon ou d'argile par le colmatage, l'usage des amendements tels que la chaux, la marne et la tangue constituent des procédés bien connus qui servent à modifier surtout les propriétés culturales ou physiques du sol et à accroître sa fécondité. Certains terrains, dont la composition et la nature paraissent bonnes, sont frappés cependant d'une stérilité presque complète, ou ne peuvent porter que de maigres récoltes. Les causes mystérieuses de cette infécondité nous étaient inconnues, il y a moins de soixante ans, et l'on se bornait à dire d'une terre de ce genre qu'elle était mauvaise ou médiocre quand sa productivité naturelle était elle-même presque nulle ou très faible. Le classement des terres par ordre de fertilité paraissait donc, à cette époque, définitivement établi et, pour ainsi dire, immuable. Sans doute on n'ignorait pas que des façons culturales multipliées et l'incorporation au sol des matières fertilisantes employées depuis bien des siècles permettaient d'améliorer la terre. Ces améliorations ont, d'ailleurs, présenté, le plus souvent, de graves difficultés parce qu'elles étaient longues, incertaines, et surtout, trop coûteuses. Les considérations d'ordre financier l'emportent, en effet, sur toutes les autres, en agriculture. La production n'est pas un but; elle ne doit être qu'un moyen. L'exploitation du sol n'est possible qu'à la condition d'être lucrative, et une amélioration culturale doit être condamnée quand elle n'a pas pour conséquence d'accroître les profits de ceux qui la réalisent.

Il manquait aux agronomes du premier quart de ce siècle la connaissance suffisamment exacte de la composition chimique du sol, des véritables principes fertilisants qu'il doit renfermer pour fournir aux plantes, dans une proportion, et sous une forme convenable, les aliments dont elles ont besoin. Cette connaissance une fois acquise, les observations se multiplient, les découvertes se succèdent, et leurs applications à la culture se produisent avec une admirable fécondité. Le rôle et le caractère des matières fertilisantes nous apparaissent, tout d'abord, sous leur véritable jour. L'analyse chimique nous apprend que les sols fertiles renferment tous, en proportion variable, de l'azote, de l'acide phosphorique, de la potasse et de la chaux, engagés dans des combinaisons très diverses. L'observation et l'expérience nous révèlent en même temps la rareté ou l'absence de ces quatre substances dans les terres médiocrement fécondes ou complètement stériles. Il convenait donc de compléter un sol pauvre pour le rendre productif. Cette matière complémentaire ajoutée à la terre se nomme l'*engrais* Suivant l'heureuse définition de M. Dehérain, « c'est la matière utile à la plante, qui manque au sol ». Son rôle et son caractère restent désormais nettement tracés. Il ne s'agit pas, du reste, d'hypothèses simplement vraisemblables ou de déductions sans valeur positive. L'expérience nous révèle depuis de longues années l'exactitude des unes et la justesse des autres. En complétant le sol par des engrais appropriés on accroît sa fécondité et, par conséquent, la masse des récoltes qu'il peut porter.

Le problème une fois résolu au point de vue scientifique, il importait d'en rechercher encore la solution au point de vue financier. Toute transformation agricole n'est possible que si le montant des valeurs créées dépasse le total des valeurs détruites. En d'autres termes, il fallait que le prix des engrais complémentaires fût moins élevé que celui des excédents de récolte obtenus. Pour atteindre ce but, comme pour préciser les termes du problème scientifique tel qu'il était posé, on demanda, suivant l'expression spirituelle de Boussingault, « l'opinion des plantes ». Dans les limites d'un domaine, on institua une série d'essais méthodiques. Sur des parcelles d'une terre de même nature, on cultiva différentes céréales, des betteraves, des plantes fourragères. Puis, chaque culture spéciale reçut des engrais complémentaires différents, ou associés les uns aux autres dans des proportions diverses. Une parcelle sans engrais servit de témoin. Le poids différent des récoltes obtenues sur des parcelles diversement traitées indiqua la solution du problème scientifique; la comparaison des dépenses aux excédents de recettes obtenus servit à résoudre le même problème au point de vue financier.

La portée de ces découvertes et le mérite de ces méthodes ne sauraient être contestés. Qu'il s'agisse de l'*analyse chimique* du sol avec les conséquences qu'elle entraîne par rapport au choix des matières fertilisantes complémentaires, ou de l'*analyse du sol par la plante*, telle que nous venons de l'indiquer en quelques lignes, il reste démontré que nous disposons désormais des moyens les plus propres à accroître la fécondité de la terre, tout en rendant son exploitation plus lucrative.

Il ne suffit pas, cependant, d'être en possession de ces moyens d'action ; il importe, en outre, d'en répandre l'usage en s'attachant à faire connaître toute leur valeur. On doit également s'efforcer d'abréger la période des tâtonnements, de diminuer le nombre des recherches, en même temps que les dépenses qu'elles entraînent. Il convient de prévenir les échecs et le découragement, d'indiquer à l'avance les essais profitables, de guider, en un mot, d'une main ferme et d'une façon sûre, la masse des cultivateurs ignorants, indifférents ou timides. L'analyse chimique ou l'analyse par la plante paraissent exiger déjà des lumières spéciales, des soins éclairés et une certaine habileté d'interprétation.

Les résultats acquis sont, en outre, spéciaux à un domaine, à une étendue de terre d'une composition déterminée ; ils n'ont, en résumé, qu'une valeur et une portée toutes locales. Est-il possible, cependant, de généraliser en s'appuyant sur un ensemble de faits assez nombreux, et rattachés les uns aux autres par un lien assez solide pour entraîner la conviction et garantir le succès? Dans son remarquable rapport, M. Ad.

Carnot n'hésite pas à admettre que le problème ainsi posé peut être résolu.

Pour arriver à cette généralisation des procédés de fertilisation dont nous parlions plus haut, il est, à ses yeux, indispensable de recourir à la distinction des *terrains géologiques*. En réalité, c'est la question même de l'utilité et de l'usage des cartes agronomiques qui se trouve ainsi posée. On peut en saisir promptement le très puissant intérêt.

Quel rapport existe-t-il entre la nature du sol, ses propriétés physiques ou sa composition chimique, et la formation géologique à laquelle se rattache une portion du territoire agricole ? Nous pouvons répondre sans hésiter que ce rapport est bien réel, et qu'il est de plus très étroit. « Une même formation géologique, dit avec raison M. Ad. Carnot, donne naissance, en général, à des terres agricoles de qualités analogues, parce qu'elles contiennent les mêmes éléments dans des proportions à peu près uniformes. »

Ces analogies sont aisément expliquées par le mode de formation de la terre arable. Lorsque cette dernière est née, en quelque sorte, sur place, par suite de la désagrégation incessante des grandes assises qui lui servent de base, il est évident qu'elle renferme presque tous les éléments contenus dans la couche géologique aux dépens de laquelle elle s'est formée, et ne peut guère renfermer que ceux-là.

Sur toute la portion limitée du territoire correspondant à une même formation géologique, la terre arable doit présenter, en conséquence, la même composition chimique, les mêmes propriétés culturales.

Assurément, sur beaucoup de points, les couches géologiques sous-jacentes sont recouvertes d'un véritable manteau de transport, arraché parfois à d'autres circonscriptions géologiques. La nature du sol diffère alors de celle du sous-sol. Cela est certain. Quand cette nappe superficielle de terrains de transport présente une certaine épaisseur, elle constitue cependant, à elle seule, un dépôt presque uniforme, et il suffit d'en déterminer la composition sur quelques points, pour la bien connaître et en discerner les propriétés culturales dans toute son étendue.

Le rapport qui existe entre le terrain géologique et le terrain agricole n'en reste pas moins visible. M. Ad. Carnot fait remarquer à ce propos que Dufrénoy et Élie de Beaumont, les auteurs de la première carte géologique de France, avaient signalé cette curieuse relation. « Les végétaux, disaient-ils, croissent sous l'influence combinée du sol et du sous-sol, et une carte agronomique est, par suite, une sorte de corollaire de la carte géologique de la contrée à laquelle elle se reporte... Un géologue exercé peut très fréquemment se passer de fouilles pour colorier une carte géologique ; il lui suffit de jeter un coup d'œil sur les sillons pour y lire la nature du sous-sol qu'ils recouvrent. La terre végétale n'est, pour ses yeux, qu'un voile transparent. Quelquefois même, il n'a pas besoin de voir la terre : les productions qui la couvrent sont un indice suffisant pour fixer ses idées. En analysant l'opération qu'il exécute sur le terrain, on voit que, pour faire une carte géologique, il trace réellement une partie des éléments d'une carte agronomique. »

Il y a plus, on peut dire que l'aspect général

d'un « pays », et le régime des eaux, si important au point de vue agricole, sont liés à la formation géologique sur laquelle repose la terre végétale. Les deux illustres géologues que nous venons de citer ont mis en évidence ces curieuses vérités dans la belle introduction qui précède leurs études sur la carte géologique de France.

Le lien qui rattache la nature du sol et ses propriétés culturales au terrain géologique sur lequel il repose peut donc être considéré comme établi.

Il est possible de tirer, maintenant, de cette observation, les conséquences dont l'expérience de chaque jour tend d'ailleurs à montrer tout l'intérêt.

Le territoire agricole d'un pays comme la France étant divisé en circonscriptions nettement connues, et délimitées avec précision par nos cartes géologiques détaillées, il est possible d'appliquer à toutes les terres comprises dans ce périmètre les méthodes culturales reconnues profitables à la suite d'une série d'expériences réalisées sur quelques points. Les recherches des agriculteurs les plus éclairés ont dès lors une portée nouvelle et des conséquences plus heureuses ; les enseignements qui s'en dégagent présentent un intérêt général, et tous les agriculteurs dont les exploitations sont découpées sur la même formation géologique peuvent désormais en profiter. Le très distingué directeur de l'Institut agronomique, M. Risler, a mis depuis lontemps en lumière les résultats si féconds de l'application des études géologiques à l'agriculture comparée. Dans son remarquable ouvrage sur la *Géologie agricole*, il a déjà groupé un nombre considérable d'observations et d'exemples qui montrent tout le parti que l'on peut tirer de ces vues si ingénieuses et si profondes.

A ses yeux, les meilleures cartes agronomiques de la France sont les cartes géologiques de détail publiées par les ingénieurs du corps des mines et par le service de la carte géologique détaillée. « Ces cartes, dit-il, sont des chefs-d'œuvre, et les crédits que le Parlement voudra bien accorder au ministère des travaux publics pour en hâter l'achèvement seront payés au centuple par les services qu'elles rendront à l'agriculture. Elles doivent devenir la base des travaux des chimistes et des ingénieurs agricoles comme des forestiers qui auront à diriger l'aménagement rationnel des matières minérales et des eaux de la France... Si l'on peut joindre aux analyses des différents terrains appartenant à un même étage géologique des essais méthodiques d'engrais et de culture dans chacun de ces étages, sa monographie deviendra d'autant plus complète et on pourra donner aux cultivateurs qui l'exploitent des règles précises sur ce qu'ils doivent faire. »

Dans le rapport que nous avons en ce moment sous les yeux, M. Ad. Carnot se rallie à cette opinion. Il pense, lui aussi, que la carte agronomique doit avoir pour base la carte géologique à grande échelle du canton ou de la commune. Tout est prêt, à son avis, pour ce grand travail. D'autre part, les observations culturales sont assez nombreuses et assez précises pour que l'on sache aujourd'hui ce qu'il faut ajouter à une terre dont la composition est connue. Il suffit de rattacher ces indications d'ordre agricole aux cartes géologiques pour mettre à la disposition des intéressés une série de cartes agronomiques d'une très grande valeur.

« En révélant aux agriculteurs, dit M. Ad. Carnot, la composition de leurs terres, et en leur permettant, par conséquent, de savoir ce qui leur manque et ce qu'il convient de leur donner pour en obtenir des rendements plus satisfaisants, ces cartes rendront assurément des services beaucoup plus grands qu'ils ne peuvent le soupçonner encore aujourd'hui. »

Tout commentaire serait, croyons-nous, superflu. Cette modeste question des cartes agronomiques nous paraît singulièrement grandie par la portée qu'on lui découvre. Il est bon d'ajouter que l'heureuse initiative de quelques hommes de talent a permis de juger à la fois le mérite et la difficulté d'exécution du grand travail auquel M. Carnot convie avec tant de raison et d'autorité les géologues associés aux agronomes. MM. Deville et Raulin, le premier professeur départemental d'agriculture du Rhône, le second professeur à la Faculté des sciences de Lyon, ont déjà publié quelques fascicules d'une carte agronomique qui sera sans doute excellente. Mon distingué collègue, M. Lagatu, professeur à l'École nationale de Montpellier, prépare, lui aussi, une carte de ce genre pour le département de l'Hérault. M. Gatellier, président de la Société d'agriculture de Meaux, fait exécuter une carte agronomique de Seine-et-Marne à laquelle est réservé le plus grand succès. Est-il besoin de dire que de pareils travaux si estimables et si féconds exigent de longs efforts et supposent, en outre, la connaissance de découvertes scientifiques encore toutes récentes? Peut-être n'est-il pas inutile, à ce propos, de déplorer la légèreté avec laquelle on parle souvent de la marche si lente des progrès agricoles. Il semble parfois de bon goût de railler l'agriculture, et de bonne justice d'en médire. Les railleurs ne manquent-ils pas eux-mêmes de jugement? Les médisants ne sont-ils pas injustes? Presque toutes les découvertes dont les applications peuvent seules contribuer au développement rapide de la production agricole datent de quelques années. Pour les compléter ou les répandre, le temps nous a manqué. Mieux éclairé sur les difficultés sans nombre que rencontre l'agriculteur, il nous semble que le public sera pour lui moins sévère. On peut dire de l'indulgence ce qu'on a dit de la foi : un peu de savoir nous en détourne, beaucoup de savoir nous y ramène.

BIBLIOGRAPHIE

Sur la question générale relative à la composition de la terre arable, au développement des plantes, et aux engrais de toute nature, on pourra consulter avec fruit :

L'Economie rurale considérée dans ses rapports avec la chimie, la physique, etc., etc..., par J.-B. BOUSSINGAULT.

Traité de Chimie agricole, par P.-P. DEHÉRAIN, membre de l'Institut, professeur à l'Ecole d'agriculture de Grignon. 1 vol. in-8°. Paris, Masson, 1892.

Les Engrais, par MM. MUNTZ et A.-CH. GIRARD. 3 vol. in-8°. Paris, Firmin-Didot.

Sur la géologie dans ses rapports avec l'agriculture, on pourra lire :

Géologie agricole, par M. E. RISLER. 2 vol. in-8°. Paris, Berger-Levrault, 1889.

Explication de la carte géologique de France, par DUFRÉNOY et ELIE DE BEAUMONT.

Rapport sur les cartes agronomiques, par M. A. CARNOT. (Extrait du t. CXXXV des *Mémoires de la Société nationale d'Agriculture.*)

II

La culture des pommes de terre. — Les travaux de M. Aimé Girard. — Les expériences de MM. P. Genay et Berthault.

La culture de la pomme de terre a fait de grands progrès en France depuis quarante ans, et l'on vient de nous prouver cependant qu'elle pouvait être singulièrement améliorée. Si les surfaces cultivées ont, en effet, augmenté de 50 0/0 depuis 1852 jusqu'à 1862, tandis que la production doublait, ce développement paraît s'être arrêté subitement depuis près de trente ans, et l'on constate, en particulier, que les rendements à l'hectare n'ont pas augmenté d'une façon sensible. Lors de la dernière enquête décennale, en 1882, l'étendue consacrée aux pommes de terre était de 1,300,000 hectares environ ; la production s'élevait à 100 millions de quintaux, et le rendement moyen ne dépassait pas 7,500 kilogrammes à l'hectare.

Sans doute, cette moyenne est fort trompeuse,

et il ne faut pas croire que, dans toutes les régions de la France on ne recueille pas plus de 75 quintaux par unité de surface ; le rendement s'élève à 100 quintaux dans une vingtaine de départements, et beaucoup de cultivateurs habiles ont dépassé ce chiffre dans leurs exploitations.

Il n'en est pas moins vrai que la récolte moyenne est, en Belgique, de 12,000 kilogr. à l'hectare ; en Angleterre, de près de 15,000 kilogr., tandis que, dans certaines parties de l'Allemagne, elle dépasse normalement 20,000 kilogr. ou 200 quintaux. Est-il possible d'augmenter d'une façon générale la production française, de la tripler même ? Peut-on accroître, de cette façon, la masse d'une denrée si précieuse pour l'homme lui-même, si avantageuse pour l'alimentation de certains animaux domestiques, si fréquemment employée pour des usages industriels ? M. Aimé Girard, dont les beaux travaux sont aujourd'hui bien connus, a étudié ce problème, et il l'a résolu, non seulement avec succès, mais encore, on peut le dire, avec éclat. La dernière communication qu'il vient de faire à la Société nationale d'Agriculture, nous prouve que la *grande culture* peut obtenir aujourd'hui des rendements de 30 à 40,000 kilogr. de tubercules à l'hectare. Il ne s'agit point, en effet, d'essais pratiqués dans un champ d'expérience, sur quelques ares, ou dans un jardin. Les chiffres si remarquables que nous venons de citer se rapportent à des surfaces étendues; ce sont des praticiens qui les ont constatés, et les exploitations où ils ont été obtenus sont d'ailleurs situées dans des régions différentes. Comme le dit, avec raison, M. Girard, il semble permis de considérer comme résolue la question de la culture de la pomme de terre industrielle et fourragère en France. Sans doute, il conviendra d'étudier ultérieurement avec grand soin ce problème au point de vue financier. L'accroissement des rendements et de la production industrielle n'est possible qu'à la condition d'être lucratif, et pour cela il est évidemment nécessaire que la consommation se développe aussi rapidement que la production. Mais, dans les conditions actuelles, il est certain que l'augmentation si notable des rendements correspond à un profit très élevé.

A la suite de quelles recherches M. Girard a-t-il été amené à indiquer les diverses méthodes de culture qui permettent aujourd'hui d'assurer aux cultivateurs tous les avantages d'une production considérable? C'est ce que nous voudrions rappeler brièvement.

Les premiers essais institués par M. Girard ont eu pour but de rechercher s'il était possible d'obtenir en France, avec des soins convenables, les rendements élevés que la culture de quelques variétés choisies assurait aux agriculteurs de l'Allemagne. Entreprises en 1886, ces expériences donnèrent des résultats décisifs. Quatre variétés de plants venus de Saxe, et semés dans les champs d'expérience de Clichy-sous-Bois et de Joinville, donnèrent des récoltes non seulement égales, mais encore supérieures à celles que le producteur allemand avait annoncées. En voici la preuve :

VARIÉTÉS	RENDEMENTS A L'HECTARE — Annoncés.	RENDEMENTS A L'HECTARE — Obtenus en moyenne à Clichy et à Joinville.
Richter's Imperator. . . .	41,800 kilogr.	44,170 kilogr.
Gelbe rose	25,700 —	27,500 —
Hermann.	21,700 —	30,315 —
Magnum bonum	30,800 —	36,000 —

Une autre série d'expériences instituées en même temps, sur les mêmes terres, montrait que certaines variétés françaises à grands rendements permettent d'obtenir un poids de tubercules variant de 25,000 à 37,000 kilogr. à l'hectare.

Ces premiers résultats étaient déjà intéressants, mais il fallait évidemment continuer toutes les expériences comparatives, augmenter les surfaces cultivées et voir, notamment, si les plants d'origine allemande avaient transmis à leurs descendants la fécondité qui les distingue.

En 1887, malgré des circonstances climatériques défavorables, ce dernier problème paraissait résolu. Les rendements obtenus, d'une part, au moyen de la culture des plants venus directement d'Allemagne, et, d'autre part, en faisant usage des plants issus des variétés importées l'année précédente, prouvèrent qu'il est possible de conserver aux variétés allemandes la productivité dont elles jouissent dans leur pays d'origine.

En outre, une culture plus étendue permit de constater la supériorité des variétés d'origine allemande et celle des meilleurs plants français, sur les espèces généralement cultivées dans notre pays. Malgré les conditions défavorables de la culture des pommes de terre en 1887, les rendements obtenus à Joinville ou à Clichy ont été généralement triples ou même quadruples de ceux dont se contentent trop souvent les agriculteurs français.

Les expériences de 1888, instituées dans des conditions nouvelles, se rapprochant davantage de celles de la grande culture, confirmèrent les observations précédentes, et servirent de base solide aux conclusions que M. Aimé Girard crut pouvoir en tirer.

Non content d'accroître le poids des tubercules récoltés, et de constater la supériorité considérable des rendements obtenus sur ceux de la culture ordinaire, il se proposa, en outre, de déterminer la richesse en fécule anhydre des différentes variétés. Cette richesse exerce, en effet, une influence décisive sur la valeur marchande de la pomme de terre industrielle, qui est utilisée pour la fabrication de la fécule. A ce dernier point de vue, aussi bien qu'en ce qui concerne le poids des récoltes, les résultats des cultures expérimentales de 1888 furent extrêmement remarquables. Si nous relevons, par exemple, les chiffres constatés à Clichy-sous-Bois, et concernant quatre variétés, nous pouvons dresser le tableau suivant :

VARIÉTÉS	RENDEMENTS à l'hectare.		TENEUR en fécule anhydre.
	En poids.	En fécule.	
	kilogr.	kilogr.	p. 100
Richter's Imperator . .	41,072	8,000	19.49
Red Skinned.	36,380	6,975	18.92
Jeuxey.	33,028	5,981	18.11
Gelbe rose.	27,040	4,898	18.11

Nous pourrions ajouter à cette liste les noms de 16 variétés, dont les rendements ont varié de 21,000 à 29,000 kilogr. et la richesse en fécule, de 14 à 17.7 0/0. Sur 16 parcelles, M. Girard obtint, en 1888, soit à Clichy, soit à Joinville, un poids de fécule anhydre qui ne fut jamais inférieur à 4,000 kilogr. Résolu au point de vue scientifique, le problème de la production de la pomme de terre industrielle l'était également au point de vue économique. Les rendements dont nous venons de parler correspondent à un produit brut variant de 600 à 1,200 fr. par hectare. Encore cette évaluation est-elle fort modérée, puisque nous adoptons le prix moyen de 3 fr. par 100 kilogr. de pommes de terre, chiffre qui est souvent dépassé. Dans ces conditions, le profit s'élève rapidement avec le produit brut, et peut atteindre 400 ou 500 fr. par hectare.

Ces résultats n'ont pas besoin d'être commentés. La période d'expériences préliminaires était désormais franchie. Il convenait de solliciter le concours des cultivateurs éclairés pour vulgariser les résultats obtenus et en contrôler, au besoin, l'exactitude; il importait, en outre, d'étudier avec une précision rigoureuse et une méthode vraiment scientifique, les conditions dans lesquelles la culture des pommes de terre doit être pratiquée pour assurer aux agriculteurs les avantages d'une production abondante.

Depuis quatre ans, M. A. Girard a eu la satisfaction de rencontrer parmi les agriculteurs des collaborateurs dévoués.

En 1892, notamment, six cents correspondants l'ont tenu au courant de leurs expériences. Sur ce nombre considérable, quatre vingt-deux essais de culture présentent un intérêt tout particulier. — Répartis en trois groupes correspondant à la grande, à la moyenne et à la petite culture, ces essais peuvent être résumés de la façon suivante :

GRANDE CULTURE, DE 1 A 50 HECTARES

Récoltes.	Nombre de cultivateurs.	Surfaces cultivées.
30,000 kil. à l'hectare et au-dessus .	49	385 hect.
Inférieure à 30,000 kilogr.	35	195 —
	84	580 hect.

MOYENNE CULTURE, DE 20 A 99 ARES

30,000 kilogr. et au-dessus	62	25 hect.
Inférieure à 30,000 kilogr	48	16 —
	107	41 hect.

PETITE CULTURE, AU-DESSOUS DE 20 ARES

30,000 kilogr. et au-dessus	111	8 hect.
Inférieure à 30,000 kilogr.	119	8 —
	230	16 hect.
Total général. . . .	422	637 hect.

En considérant comme limite minima les rendements de 30,000 kilogr. à l'hectare, on voit que ce chiffre a été le plus souvent atteint et même dépassé, surtout en grande culture. On peut citer, en particulier, l'exemple de M. Louis, de Tomblaine, près de Nancy, qui a obtenu en moyenne 35,700 kilogr. sur une surface de 56 hectares.

Nous connaissons trop bien la parfaite bonne foi et la probité scientifique de M. Louis, ancien lauréat de la prime d'honneur dans le département de la Meurthe-et-Moselle, pour douter un instant de l'exactitude scrupuleuse de ces résultats véritablement merveilleux.

Il ne faut pas croire que de pareils rendements puissent être obtenus en utilisant simplement des variétés productives, sans s'inquiéter des conditions diverses qui exercent une influence sur les récoltes. Ces conditions culturales doivent être, au contraire, déterminées avec soin, et M. Girard les a précisément étudiées, avec une habileté et une rigueur scientifique qui donnent à ses remarquables travaux une valeur aussi bien qu'une portée considérable.

Essayons de les résumer en quelques lignes.

Les questions sur lesquelles l'attention du cultivateur doit être plus spécialement appelée sont les suivantes : 1° nature des terrains ; 2° profondeur des labours; 3° nature et proportion des engrais; 4° choix du plant et sélection; 5° fragmentation des tubercules de plant; 6° régularité et espacement de la plantation; 7° façons culturales ; 8° traitement de la maladie des pommes de terre.

La *nature des terrains* exerce une influence certaine sur les rendements. Ceux-ci varient avec la fertilité du sol, et en particulier avec son *ameublissement*.

La *profondeur des labours préparatoires* ne peut manquer d'agir, précisément sur l'état d'ameublissement de la terre. Il convient de labourer profondément, et même de se servir d'une fouilleuse derrière la charrue.

Les *engrais* incorporés au sol doivent être abondants et il paraît utile, à cet égard, de compléter les fumures de fumiers en ajoutant des matières fertilisantes dont l'expérience ou l'analyse permettra d'apprécier ou de prévoir les bons effets.

M. Girard pense que, la plupart du temps, il est avantageux d'employer simultanément des superphosphates, du sulfate de potasse et du nitrate de soude, dans les proportions suivantes :

Superphosphate de chaux riche. .	62 0/0
Sulfate de potasse	23 »
Nitrate de soude	15 »
Total. . . .	100 0/0

Il va sans dire que les proportions sur les quantités varient avec la composition du sol, les fumures antérieures, etc. Des expériences instituées avec soin, et régulièrement suivies peuvent seules éclairer le cultivateur sur ce point.

Le *choix des plants* est très important, et l'influence de la semence sur les rendements a été mise en lumière par M. Girard avec une extrême précision. Non seulement il est désavantageux d'employer comme plants des tubercules de rebut, petits ou avariés, mais il est certain que des plants d'un poids égal provenant d'une même récolte peuvent donner des rendements inégaux variant dans des proportions de 1 à 4. Il importe, surtout, de distinguer à l'avance les tubercules dont la fécondité sera transmise à leur descendance, et qui donneront certainement des rendements élevés. — « Les tubercules provenant d'un pied à grosse récolte fournissent à leur tour une récolte abondante. » Tel est le premier fait constaté après une série d'expériences très nombreuses. En second lieu, « il existe entre l'abondance de la récolte que prépare chaque pied et la richesse de la végétation aérienne une relation voisine de la proportionnalité ». — Le procédé usuel de sélection pour les plants est tout indiqué d'avance. Il suffit de marquer dans un champ les pieds forts, dont la végétation aérienne se distingue par sa vigueur, et de choisir ultérieurement comme plants les tubercules provenant des sujets ainsi désignés.

Il conviendra, en outre, d'écarter, lors de la récolte, les plants trop petits ou trop gros, et de mettre en réserve simplement ceux de grosseur moyenne pour éviter soit une diminution des rendements, soit une dépense exagérée.

La *fragmentation* des plants doit être considérée comme une méthode vicieuse ; on ne peut y recourir que dans le cas où la grosseur moyenne des plants serait très considérable. En général, la fragmentation diminue la récolte, parce qu'elle ne permet de conserver sur chaque plant que des bourgeons d'une vitalité très inégale.

La *régularité* de la plantation aussi bien que l'*espacement* des plants, doivent être l'objet d'une attention particulière. L'expérience prouve que le nombre insuffisant ou exagéré des plants diminue la récolte. La plantation à $0^m,50$ sur les lignes distantes de $0^m,60$ paraît être la meilleure.

Quant aux *façons culturales*, on peut affirmer qu'elles sont nécessaires et que le sarclage — comme le buttage — exerce sur les rendements une influence marquée.

Enfin l'on sait que la pomme de terre est exposée aux attaques souvent mortelles d'un champignon de la famille des péronosporées, le *Phytophtora infestans*, dont on peut, fort heureusement, combattre le développement en répandant sur les tiges et sur les feuilles une dissolution de sulfate de cuivre additionné de chaux. Ce mélange reste fixé sur l'appareil foliacé et arrête le développement des *Phytophtora*, quand le traitement a été pratiqué au moment convenable, c'est-à-dire, vers le milieu de juin, le plus souvent.

Nous avons tenu à indiquer au moins les principales questions dont M. Girard s'est proposé l'étude depuis quelques années. Cette longue énumération ne nous a pas effrayé, et nous avons cru utile, au contraire, de ne pas la réduire.

Il importe, croyons-nous, de montrer combien sont variées et difficiles toutes les recherches qu'exigent les améliorations culturales; il est bon que l'on sache quels efforts patients, et quelle intelligence déploient ceux qui mettent au service de l'agriculture leur expérience et leur talent. — Nous serions injuste si nous ne signalions pas, en terminant, les travaux très instructifs publiés à diverses reprises sur la culture de la pomme de terre. Un des agriculteurs les plus distingués que nous connaissions, M. Paul Genay, et M. Berthault, professeur à l'Ecole de Grignon, ont démontré, eux aussi, les avantages aussi bien que la possibilité d'un accroissement de la production des pommes de terre. Les conclusions de leurs recherches ne sont pas différentes de celles que nous avons indiquées plus haut.

Nous aurons soin, d'ailleurs, de signaler les résultats intéressants qui se rapportent à la question si brillamment traitée et résolue par M. Girard. Si nombreuses que soient les recherches qui viendront peut-être un jour compléter les siennes, elles ne pourront faire oublier le mérite de ses premiers travaux.

BIBLIOGRAPHIE

Pour les renseignements statistiques relatifs à la culture des pommes de terre en France ou à l'Etranger, consulter :

Statistique agricole de la France. 1 vol. in-4. Berger-Levrault. Paris.

Pour les travaux de M. Girard, lire :

Recherches sur la culture de la pomme de terre industrielle et fourragère, par M. A. Girard. 1 vol. in-8° avec atlas. Paris, Gauthier-Villars.

III

De l'association en agriculture. — Le métayage et le bail à ferme peuvent être considérés comme des contrats de société. — Les fruitières, et les laiteries coopératives. — La Société laitière de Chaillé.

On a souvent reproché aux agriculteurs de méconnaître les avantages de l'Association, et l'on oppose, volontiers, le groupement si fécond des capitaux et des forces dans l'industrie, à l'isolement du cultivateur.

Ce contraste est moins saisissant, en réalité, qu'on ne paraît le croire, et le reproche adressé à l'agriculture n'est pas entièrement mérité. Depuis bien des siècles, en effet, la nécessité, et la nature même des choses ont multiplié certaines associations agricoles, si connues qu'il semble inutile de les décrire, si simples que les observateurs superficiels ne les signalent même pas à notre attention.

Qu'est-ce que le métayage, par exemple, sinon

une véritable association, un véritable contrat de société entre le propriétaire foncier et le cultivateur? Ce n'est pas seulement la terre et les bâtiments d'exploitation que le propriétaire met à la disposition du métayer, sans se réserver d'autre rémunération ou d'autres profits qu'une part des récoltes principales, et quelques redevances accessoires. La plupart du temps, il fournit, encore, la moitié des semences, la moitié du bétail, et parfois, les avances nécessaires pour attendre la récolte prochaine. Considéré par la coutume et par la loi comme le directeur naturel de l'entreprise agricole, ce même propriétaire fait plus encore : il guide le cultivateur, il fixe le système de culture à suivre, les engrais à employer, le nombre et l'espèce des animaux que l'exploitation doit entretenir.

Indépendamment de son expérience et de ses lumières, le propriétaire foncier met ainsi à la disposition des cultivateurs les cinq sixièmes des capitaux nécessaires pour exercer leur industrie. Existe-t-il, en vérité, ailleurs que dans nos campagnes, des exemples d'association plus favorables aux travailleurs dépourvus de capitaux, des contrats de société plus variés et plus souples, plus dignes également de fixer notre attention ? Nous ne le pensons pas.

On peut, cependant, compter en France près de 350,000 exploitations rurales soumises au régime du métayage, c'est-à-dire 350,000 associations très utiles, très fécondes, très curieuses aussi, mais qu'on semble ignorer.

Pour qui veut observer les faits et les étudier attentivement, le contrat de bail à ferme n'est, lui aussi, qu'un contrat de société. Sans doute, au point de vue légal, il s'agit, dans ce cas, d'un louage de choses, et le propriétaire foncier, dont l'action peut s'effacer au point de disparaître, se borne à céder la jouissance d'un domaine rural moyennant une somme fixe payable à des dates déterminées et indépendante des risques de la culture. Mais en fait, sinon en droit, les intérêts du propriétaire ne sont pas séparés de ceux des cultivateurs. Des remises de fermages, des avances consistant en bétail, en fourrages, en engrais, des combinaisons financières variées se rapportant à des améliorations dont les dépenses comme les profits se partagent entre les contractants, en un mot, des modifications nombreuses du contrat primitif révèlent aux yeux attentifs les traits caractéristiques d'une association véritable. Le fermage d'une terre, de même que l'intérêt des capitaux en général ou le salaire, n'est d'ailleurs qu'un *forfait* déterminant, à l'avance, pour plus de commodité, la part d'un des associés dans le profit d'une entreprise. Il représente simplement la valeur moyenne des portions de récoltes que le propriétaire d'une métairie aurait prélevées à son profit.

Au point de vue économique, les avantages du fermage nous paraissent certains. Voici, tout au moins, le plus important d'entre eux. Le capital foncier et les éléments du capital d'exploitation que cette association spéciale met à la disposition du cultivateur représentent *au moins les deux tiers, et souvent les quatre cinquièmes* de la somme qui serait indispensable à ce dernier pour exercer son industrie, dans les mêmes conditions, sans le concours du propriétaire. Est-il besoin de dire que le taux de l'intérêt, correspondant à la valeur des capitaux confiés au fermier, ne dépasse pas en moyenne 3 0/0, et atteint rarement 4 0/0?

Nous ne croyons pas qu'il existe dans notre pays une industrie qui puisse se procurer, dans des conditions aussi favorables, les deux tiers ou les quatre cinquièmes des capitaux nécessaires au succès de ses opérations et à sa marche régulière. Si nous ajoutons que l'on compte en France 750,000 exploitations soumises au régime du fermage et couvrant près du tiers des terres cultivables régulièrement assolées, on pourra comprendre toute l'importance de ce genre d'association, qui n'est pas moins utile et moins intéressant à étudier que le métayage lui-même.

En résumé, nous voyons que l'agriculture, loin de méconnaître les avantages de l'association, comme l'affirment trop légèrement certaines personnes, sait parfaitement les apprécier et en profiter. L'association revêt seulement une forme toute spéciale, très originale en même temps, et merveilleusement adaptée aux exigences de la culture, aussi bien qu'aux conditions économiques si variables de l'exploitation du sol.

Faut-il admettre, cependant, qu'il ne reste rien à faire, et les agriculteurs ne peuvent-ils pas trouver d'autres formes d'associations également utiles et fécondes? Il nous est impossible de le croire. Les propriétaires cultivateurs si nombreux dans notre pays ont, notamment, un grand intérêt à se grouper et à s'unir pour acheter, pour produire ou pour vendre dans de meilleures conditions. Il est intéressant, à ce propos, de signaler les Associations qui se sont constituées dans ce but et dont le succès a prouvé l'opportunité et la valeur.

Nous nous contenterons, aujourd'hui, de citer un exemple, d'étudier un type spécial, en nous réservant de revenir plus tard sur cette question des Associations agricoles.

Dans les régions où la propriété et la culture sont très divisées, l'utilisation du lait au moyen de la fabrication du beurre ou des fromages présente de grandes difficultés. Le cultivateur mal outillé, ou disposant d'une quantité trop faible de lait, n'obtient que des produits de qualité inférieure dont le prix n'est pas assez élevé pour lui assurer les profits qu'il serait en droit d'espérer.

Dans de pareilles conditions, le transport des

produits de la laiterie est, en outre, très coûteux, et la vente en reste incertaine ou difficile. Pour remédier à cette situation, il est évidemment nécessaire de grouper les agriculteurs, de recueillir et de centraliser le lait produit dans un grand nombre d'exploitations, de le traiter rapidement par des méthodes perfectionnées, et d'en assurer la vente sur les marchés où l'élévation des prix permet d'obtenir les profits les plus considérables.

Dans l'est de la France, en Franche-Comté, par exemple, et en Savoie, le problème a été résolu depuis longtemps par l'établissement des « fruitières » dont nous décrirons quelque jour l'organisation. A l'autre extrémité de la France, dans le département de la Charente-Inférieure, nous avons pu étudier le fonctionnement d'associations moins connues mais non moins utiles que les « fruitières » de l'Est. Nous voulons parler des « beurreries » ou « laiteries coopératives », dont un des types les plus parfaits nous paraît être la Société de Chaillé, dans le canton de Surgères. « Cette association, disent les statuts, a pour but la fabrication des beurres en commun, afin d'en obtenir des prix plus élevés. Chaque sociétaire s'engage à fournir à la Société tous ses produits, hors sa consommation. La fabrication du beurre est formellement interdite aux adhérents. Le beurre sera fourni aux sociétaires au prix moyen des ventes faites pendant le mois. »

La Société de Chaillé comprend la plupart des propriétaires cultivateurs de ce village et ceux de sept autres communes voisines. Le nombre des sociétaires est d'ailleurs illimité en principe. Pour faire partie de l'Association, il suffit d'être présenté par deux membres et admis par le bureau. L'administration de la Société est confiée à un président et à deux vice-présidents désignés par l'assemblée générale. Ce comité exécutif a les pouvoirs les plus étendus. Ses membres peuvent être rétribués, déclarent les statuts, avec beaucoup de sagesse. En fait, le président reçoit cinquante francs par mois, et les sociétaires, en gens avisés, n'ont pas hésité à lui accorder cette juste rémunération, *à l'unanimité*.

Le *budget* de la Société est alimenté par les revenus d'une porcherie annexée à la laiterie, et par les fractions de centimes non distribués, provenant de la vente des beurres. Ces recettes servent à couvrir les frais d'entretien des différents appareils ou machines, du matériel, et les dépenses imprévues. Les excédents de recettes sont répartis, d'ailleurs, entre les associés, proportionnellement à la quantité de lait fourni par chacun d'eux.

Quant à la répartition des recettes principales, elle se fait *tous les mois*, après défalcation des frais généraux, et chaque sociétaire reçoit une somme proportionnelle au nombre de litres de lait qu'il a fournis.

L'organisation de la Société étant maintenant connue, il nous reste à en étudier le fonctionnement.

Deux fois par jour, matin et soir, un employé de la Société va chercher dans les fermes le lait obtenu. Centralisé à la laiterie, celui-ci est immédiatement écrémé au moyen d'une machine puissante qui permet d'obtenir en quelques quarts d'heure, d'une part la crème servant ultérieurement à la fabrication du beurre, et, d'autre part, le « lait doux » utilisé pour l'engraissement des porcs qui donnent une valeur à cette matière sans emploi. La crème, toujours fraîche et d'une pureté parfaite, est transformée en beurre fin au moyen de barattes mécaniques actionnées par la même machine à vapeur que l'écrémeuse centrifuge. Pétri, lavé avec soin à l'aide d'appa reils spéciaux, le beurre est divisé en mottes de poids divers, enfermé dans des paniers, et envoyé à la Halle de Paris, où il est vendu par les soins d'un commissionnaire.

Les avantages de cette organisation sont frappants. On voit que le lait produit dans chaque exploitation rurale est recueilli par l'employé de la Société sans nécessiter pour le producteur aucune dépense inutile. Traité immédiatement et par masse considérable, le lait peut fournir une crème excellente dont la qualité supérieure assure au beurre fabriqué un prix de vente élevé. Les sociétaires sont en même temps déchargés du soin de la fabrication, des pertes résultant de l'emploi d'un outillage défectueux, et des soucis d'une vente incertaine ou difficile.

On pourrait croire que l'établissement d'une laiterie exige une mise de fonds considérable et hors de proportion avec les modestes ressources des sociétaires. C'est là une erreur. Voici les prix des différents appareils et des constructions indispensables. Nous ne craignons pas de fatiguer l'attention du lecteur; en pareille matière, il importe avant tout de connaître les faits, et de répondre aux objections que peuvent soulever les conclusions d'une pareille étude.

DEVIS DE LA LAITERIE DE CHAILLÉ

	fr.	c.
Bâtiments de la laiterie.	3.276	50
Chaudière et machine et vapeur.	3.575	»
Trois écrémeuses de 500 litres à l'heure.	3.108	»
Une baratte et un malaxeur.	554	»
Transmission avec courroie.	475	»
Un puits avec pompe.	525	»
Réservoir à eau de 20 hectolitres.	70	»
Réservoir pour eau chaude	198	»
Tuyautage et robinetterie.	285	»
100 bidons de 75 litres.	1.900	»
Autres ustensiles.	60	»
Une porcherie pour 250 porcs, avec bassin pour le lait doux, etc.	7.160	»
Deux voitures et quelques ustensiles	635	»
Total.	21.821	50

On voit que cette dépense n'est pas considérable ; répartie entre les 260 sociétaires de la Laiterie coopérative, elle ne correspond qu'à une avance de moins de 100 francs pour chacun d'eux. Quant au terrain, dont la valeur est d'ailleurs peu considérable, il a été simplement loué dans de très bonnes conditions à un membre de la Société. Il reste donc démontré, croyons-nous, que l'établissement d'une « beurrerie » comme celle de Chaillé n'a pas nécessité des sacrifices ou des avances hors de proportion avec les ressources des cultivateurs les plus modestes. Quant à l'utilité même de cette organisation, elle nous est déjà affirmée clairement, et elle va ressortir plus nettement encore de l'étude des opérations financières.

Pendant l'année 1891, dont nous avons la comptabilité sous les yeux, la Laiterie de Chaillé a traité 1,628,000 litres de lait fournis par 260 sociétaires. La production moyenne dans chaque exploitation rurale ressort donc à 6,250 litres en chiffres ronds, et suppose l'entretien de trois vaches laitières tout au plus. Il s'agit, en effet, d'une association formée entre petits propriétaires ou modestes tenanciers. Le prix payé aux sociétaires par litre de lait varie avec le cours des beurres fabriqués. Il atteint 0 fr. 16 en mars et décembre pour tomber à 0 fr. 10 seulement en juin, juillet et août. — Les quantités produites augmentent d'ailleurs, tandis que les prix fléchissent, et le tableau de ces variations simultanées est assez instructif pour que nous croyions utile de le reproduire.

Année 1891.	Litres de lait fournis.	Prix par litre.	Valeur totale.
Janvier	104.576	0.13	13.594
Février	100.448	0.14	14.062
Mars	112.818	0.16	18.050
Avril	116.740	0.15	17.507
Mai	144.854	0.12	17.382
Juin	153.548	0.10	15.354
Juillet	175.000	0.10	17.512
Août	175.123	0.10	17.500
Septembre	158.342	0.12	19.000
Octobre	144.109	0.13	18.734
Novembre	122.497	0.13	15.924
Décembre	120.631	0.15	13.102
Moyenne et totaux	1.628.736	0.124	202.722

On voit que le maximum des recettes pour les sociétaires ne correspond ni au maximum du prix de chaque litre de lait, ni à la production totale la plus élevée. Ce qui doit nous intéresser surtout, à ce propos, c'est le prix moyen du litre de lait pendant l'année tout entière.

Il s'élève, comme on le voit, à 0 fr. 124. C'est là un résultat satisfaisant : la plupart des cultivateurs des environs de Paris, qui vendent le lait aux grandes Sociétés laitières de la capitale, n'obtiennent pas, en effet, un prix plus élevé quand ils ne se chargent pas eux-mêmes du transport. La transformation du lait en fromage de Gruyère, dans la Franche-Comté, ne lui donne pas non plus une valeur plus grande. Il faut noter, d'ailleurs, qu'en moins de dix ans, la Laiterie de Chaillé a pu amortir son capital de première installation, et qu'en 1891 elle a distribué aux associés plus de 8,000 francs de bénéfices provenant surtout de l'engraissement des porcs qui consomment le lait doux écrémé.

Ajoutons, enfin, qu'une véritable Société d'assurance mutuelle contre la mortalité des vaches laitières a été formée entre les associés de la Laiterie coopérative. Chaque animal est estimé par des commissaires spéciaux, et les trois quarts de sa valeur sont remboursés aux sociétaires qui ont subi une perte. C'est encore là une innovation très intelligente et très heureuse. Elle complète l'organisation si originale et si utile que nous venons de décrire.

L'exemple de la Société de Chaillé nous prouve, en outre, que l'initiative des cultivateurs mérite parfois d'être louée. Il ne s'agit point ici d'une entreprise fondée et soutenue par l'État, mais d'une Association librement formée entre un petit nombre d'hommes énergiques et avisés qui ont su triompher de toutes les difficultés, recueillir des capitaux, grouper autour d'eux des adhérents sans cesse plus nombreux, et faire œuvre utile aussi bien que durable.

Nous sommes persuadé que de pareilles Sociétés se multiplieront dans notre pays d'ici peu d'années. Elles sont déjà beaucoup plus nombreuses qu'on ne l'imagine, et l'exemple que nous avons cité nous montre que les habitants de nos campagnes savent distinguer les avantages que présente l'Association.

IV

Un projet de loi sur le crédit rural. — Le but et les conséquences de cette législation nouvelle. — Le développement du crédit mutuel dans les campagnes sera très lent. — Le rôle des propriétaires fonciers en matière de crédit agricole. — L'agriculteur bénéficie d'un crédit très étendu. — Ignorance du public à cet égard. — Les petits propriétaires et le crédit mutuel.

On vient de discuter assez rapidement et de voter à la Chambre des députés un projet de loi sur le crédit agricole (1). Ce projet est connu depuis longtemps.

On sait qu'il s'agit de donner aux syndicats agricoles la faculté de se constituer en sociétés de crédit « pour faciliter et garantir les opérations de toute nature rentrant dans leurs attributions ».

Indépendamment de cette faculté, on permet aux membres des syndicats de constituer à côté de ces derniers, et sans cesser d'en faire partie,

(1) Mai 1893.

des sociétés de crédit mutuel dont les opérations doivent se rattacher exclusivement à celles des syndicats eux-mêmes.

Telle est, en deux mots, l'économie du projet qui va être soumis prochainement à l'examen du Sénat. Jusqu'à présent, les syndicats ruraux avaient surtout servi d'intermédiaires entre certains négociants et les cultivateurs pour faciliter à ces derniers les achats d'engrais, de semences et d'instruments. Il est question de faire plus, et de se servir des associations nouvelles que la loi de 1884 a permis de constituer, pour organiser et réaliser le crédit rural mutuel. Certes, les syndicats actuels peuvent fonder à côté d'eux des sociétés commerciales de crédit, mais il leur est nécessaire de recourir, pour cela, aux procédés indiqués par la loi de 1867, et de remplir les formalités que prescrit cette dernière. Le simple dépôt des statuts modifiés du syndicat constitué en société de crédit devrait suffire désormais.

Fonder et développer le crédit rural mutuel, tel est le but que l'on nous montre. Utiliser les associations déjà formées, les groupes déjà constitués en leur donnant toutes les facilités possibles pour étendre leur champ d'action et multiplier leurs services, tel est le moyen que l'on propose. Ce but est de ceux qu'il est évidemment désirable d'atteindre, et, en dehors de toute considération d'ordre politique dont nous n'avons pas à tenir compte ici, le moyen proposé peut être bon. Il ne faut pas se dissimuler, en tout cas, que le développement des opérations de crédit mutuel dans nos campagnes sera très lent.

Beaucoup de personnes croient aujourd'hui que le défaut de capitaux empêche seul les cultivateurs de modifier leurs systèmes de culture et d'accroître, avec la fécondité de leurs terres, les profits qu'ils peuvent réaliser. C'est là une erreur qu'il est bon de dissiper. Les gens du monde, qui ne connaissent guère les choses rurales, voient toujours, dans l'agriculteur de 1893, le paysan d'autrefois, ou mieux encore le paysan d'opéra-comique, ignorant, routinier, âpre au gain, perdu et comme enseveli vivant dans sa ferme, où il vit misérablement. Certes, il existe encore des « ruraux » qu'on pourrait reconnaître à ce portrait; mais, à côté et au-dessus d'eux, on trouve une nombreuse élite qui possède tout à la fois des capitaux et des lumières.

Dans nos régions de grande culture, dans l'Orléanais, l'Ile-de-France, la Picardie, l'Artois ou même les Flandres, au Sud, d'ailleurs, aussi bien qu'au Nord, à l'Est comme à l'Ouest, on peut rencontrer de très nombreux agriculteurs qui disposent d'un capital d'exploitation considérable et généralement suffisant pour assurer dans les meilleures conditions l'exploitation lucrative des terres cultivées. Il nous semble douteux que le crédit mutuel rural rende de grands services à cette classe particulière d'agriculteurs. Beaucoup d'entre eux ont une solide instruction agricole et suivent avec attention les expériences qui jettent quelque lumière sur le développement de la production et l'accroissement simultané des profits. Si quelques-uns semblent hésiter à faire des essais, ou à modifier les méthodes d'exploitation exclusivement suivies jusqu'ici, c'est à l'insuffisance de l'instruction professionnelle et non au défaut de capitaux qu'il convient d'attribuer cette timidité ou cette indifférence également regrettables. Les progrès agricoles seront l'œuvre du temps, et, si l'on veut bien songer que les applications les plus importantes des découvertes scientifiques à l'agriculture, comme l'emploi des engrais industriels complémentaires, sont encore toutes récentes, on comprendra sans peine avec quelle méfiance certains agriculteurs accueillent les innovations dont ils n'ont pas encore touché du doigt les résultats et apprécié les conséquences financières. — Nous insistons volontiers sur ces deux derniers mots ; ils ont, en effet, une singulière importance. Ce ne sont pas les questions simplement techniques ou scientifiques qui intéressent le cultivateur ; ce sont les questions économiques et les considérations financières. La fécondité du sol, l'accroissement de sa productivité, la beauté, c'est-à-dire l'abondance des récoltes, ne présentent à ses yeux qu'un intérêt médiocre ; il se préoccupe avant tout du résultat financier, de l'écart qui existe entre les recettes et les dépenses. La production pour lui, comme pour tout industriel avisé, n'est qu'un moyen ; le véritable but de son labeur persévérant et de son administration vigilante, c'est le profit. On ne saurait sans injustice lui reprocher ces préoccupations et ces tendances. L'intérêt personnel est ici en parfaite harmonie avec l'intérêt général. Ce n'est pas seulement l'agriculteur qui est intéressé à ce que les capitaux engagés dans les opérations de la culture soient largement rémunérés ; c'est aussi la société tout entière. L'emploi des forces mises en jeu et l'utilisation des produits consommés sont d'autant plus judicieux et féconds que la balance définitive des valeurs créées et détruites assure aux capitaux engagés un intérêt plus élevé. Si l'usage de ce que l'on nomme des méthodes perfectionnées, si l'accroissement du produit brut agricole devaient avoir pour conséquence une diminution et non une augmentation des profits correspondant au même capital de culture, on devrait, sans hésiter, les condamner et les craindre, au lieu de les recommander. Considérer, *à priori*, comme un progrès le développement de ce que l'on nomme l'agriculture intensive, c'est-à-dire l'agriculture à grosse production et à grands rendements, c'est commettre la plus grave comme la plus dangereuse des erreurs. Cette conception fausse a pour conséquences immédiates ou prochaines des déceptions et des ruines. Ce n'est pas de cette façon qu'on peut ramener à l'agriculture les activités et les richesses qui s'en détournent.

Avant de proposer des méthodes nouvelles exigeant pour leur emploi une augmentation des capitaux d'exploitation, avant même d'espérer que les cultivateurs défiants, mais avisés, fassent appel au crédit, il est indispensable que l'expérience indique, pour chaque situation économique et agricole, dans quelle mesure des dépenses plus larges peuvent assurer des profits plus considérables. Les transformations des systèmes de culture seront peut-être lentes, mais elles seront inévitables, en raison même de la supériorité des gains qu'elles permettront de réaliser.

La nécessité de compléter l'instruction professionnelle du cultivateur et de lui montrer les avantages financiers d'une augmentation des capitaux d'exploitation nous paraît, en quelque sorte, évidente. Le développement du crédit rural est subordonné aux avantages que lui reconnaîtront ceux qui sont appelés à en profiter. C'est donc l'éducation de l'emprunteur qu'il conviendra de faire, avant d'espérer que celui-ci consente à constituer une société de crédit ou à se servir des facilités spéciales qui lui seront offertes.

Cette observation, qui s'applique à quelques-uns des agriculteurs composant une élite, est surtout vraie pour ceux qui constituent le groupe des tenanciers plus modestes, mais bien plus nombreux, dont l'instruction est moins complète et dont les ressources sont moins étendues. C'est pour eux, surtout, que le syndicat agricole devra multiplier les indications, répéter les expériences, agir, en un mot, par l'exemple dont l'influence est si forte sur les esprits indécis ou timides. Sans nul doute ce sera là une œuvre difficile, délicate parfois, et fort longue aussi.

Toute une classe d'hommes, dont le rôle en matière de crédit agricole n'a pas été mis en lumière jusqu'ici, devra coopérer à cette œuvre, et pourra contribuer à son succès. Nous voulons parler des propriétaires fonciers, non pas ceux qui cultivent eux-mêmes leurs propres biens, mais des hommes appartenant à la bourgeoisie qui possèdent des terres et les donnent en location.

Dès à présent, le propriétaire foncier joue un rôle très important dans l'œuvre de la production agricole, en raison de l'appui financier qu'il prête au cultivateur. Les conditions de ce concours sont si avantageuses pour ce dernier que nul prêteur ne pourrait se montrer en même temps aussi libéral et aussi accommodant que le propriétaire.

L'agriculture utilise et met en œuvre deux catégories de capitaux. La première est représentée par la terre elle-même et les bâtiments ruraux, c'est ce que l'on appelle le capital foncier. La seconde porte un nom spécial et expressif ; on la nomme : catégorie des *capitaux d'exploitation*, parce que ceux-ci servent précisément à exploiter le capital foncier. Les principaux éléments du capital d'exploitation sont représentés par le bétail, les semences, les instruments, les fourrages, et, enfin, par les avances indispensables pour constituer le fonds de roulement de l'industrie agricole. Le capital foncier et le capital d'exploitation sont parfois réunis dans les mêmes mains, et le propriétaire-cultivateur dispose alors de tout ce qui est nécessaire pour exercer son industrie. Fort souvent aussi, l'agriculteur ne possède que le capital d'exploitation. Il lui est donc nécessaire d'emprunter ce qui lui manque, c'est-à-dire l'agent de production sans lequel il lui serait impossible d'utiliser son capital d'exploitation ; en un mot, le cultivateur emprunte le capital foncier.

Or, quelle est la valeur respective du capital d'exploitation affecté par le tenancier et du capital foncier que fournit le propriétaire ? Dans les régions les plus riches, dans les systèmes de culture les plus élevés, le capital du fermier ne représente pas le quart de la valeur du sol et des bâtiments d'exploitation. Cette proportion s'abaisse, encore, à mesure que décroît la richesse de la culture, à mesure aussi que devient moins précise la distinction que nous venons d'établir entre le rôle du propriétaire et celui de l'exploitant. A partir du moment où le propriétaire cède à son tenancier l'usage de l'agent de production qu'il possède, on voit naître et se multiplier des opérations de crédit que l'on connaît mal, la plupart du temps, et dont on oublie, trop souvent aussi, l'importance exceptionnelle. Ces opérations de crédit, ces emprunts faits aux propriétaires fonciers se chiffrent par milliards, et le taux de l'intérêt servi par les débiteurs est extrêmement bas. Il dépasse rarement 3 0/0, et tombe souvent à 2 1/2. Si ce chiffre s'élève parfois, c'est que le rôle du propriétaire change, c'est que ce dernier, non content de prêter le capital foncier dont il dispose, devient alors un véritable associé, subissant les chances de perte ou de gain, et demandant avec raison une rémunération plus forte comme compensation des risques qu'il subit et du concours spécial qu'il prête au cultivateur. Qu'on le remarque bien, non seulement le fermier emprunte le capital foncier, mais il se procure, en même temps, une partie de son capital d'exploitation.

Tous les domaines ruraux renferment, en effet, des fumiers, des pailles, des produits ou des moyens de production mis par le propriétaire à la disposition du tenancier.

Il n'existe probablement pas d'industriels qui trouvent à emprunter dans les mêmes conditions que l'agriculteur les *trois quarts* ou les *quatre cinquièmes* des capitaux dont ils ont besoin ; il n'en est sans doute pas auxquels on prête, à un taux d'intérêt aussi modique, une partie de leurs matières premières. Or, le capital foncier représente pour l'agriculteur un capital fixe, un agent de transformation, et beaucoup des immeubles par destination que le propriétaire met à la disposition de son fermier sont également des capitaux fixes ou de véritables matières premières.

Nous nous sommes, cependant, placé à un point de vue qui ne permet pas de mettre en pleine lumière le rôle que joue le propriétaire comme prêteur. L'existence du contrat de fermage suppose, en effet, une division très nette des rôles respectifs du propriétaire et de l'exploitant. Dans les pays à métayage, la situation change, et le crédit fait au cultivateur est singulièrement plus étendu, sans être, cependant, plus onéreux. Le propriétaire ne met pas seulement le capital foncier à la disposition de son métayer, il lui prête toujours la moitié des animaux de rente ou de trait, la moitié des semences, la moitié des engrais industriels, sans compter les fumiers de ferme qui restent attachés d'une façon régulière à la métairie avec les pailles et les fourrages. C'est par milliers que l'on compte, en outre, les prêts en nature ou en argent que consent le propriétaire en faveur du tenancier. Dans de pareilles conditions, l'agriculteur trouve ainsi à emprunter jusqu'aux neuf dixièmes des capitaux dont il a besoin pour exercer son industrie.

Faut-il donc s'étonner qu'il n'ait pas senti, aussi vivement qu'on pourrait le croire, l'absence de toute organisation du crédit rural? Faudra-t-il encore s'étonner si, rebelle aux séductions du crédit mutuel, le métayer se contente de celui que dispense le propriétaire foncier avec tant de facilité et une entente si judicieuse de ses propres intérêts ?

En réalité, les faits que nous venons de signaler, et sur l'importance desquels il serait superflu d'insister, nous prouvent que l'agriculture fait usage, dès à présent, du crédit ; c'est le propriétaire foncier qui en est le dispensateur éclairé et libéral. Personne ne nous semble mieux placé que lui pour juger la valeur, la solvabilité et le mérite professionnel du modeste fermier ou du métayer avec lequel il fait des opérations de crédit mutuel que l'intérêt personnel des deux parties conduit à multiplier ou à restreindre.

Est-il possible de remplacer le propriétaire? Nous ne le pensons pas. Toute mesure qui aurait pour effet de rompre cette intime association d'intérêts qui existe aujourd'hui entre le cultivateur et le propriétaire nous paraîtrait singulièrement dangereuse. Il faut s'efforcer, au contraire, de la rendre plus étroite et plus sûre. Les futures associations de crédit devront donc rattacher à leur œuvre les propriétaires eux-mêmes, et c'est à ces derniers qu'incombe, évidemment, le devoir de contribuer au succès de ces sociétés en leur prêtant tout leur appui.

Il existe, enfin, un troisième groupe d'agriculteurs qui nous paraît plus intéressé que tout autre au développement du crédit mutuel. Nous voulons parler des petits propriétaires-cultivateurs, fort nombreux assurément dans notre pays. Moins riches que nos grands fermiers, privés de l'appui financier que trouvent les petits tenanciers ou les métayers auprès du propriétaire, ils sont quelque peu isolés, et il leur sera sans doute avantageux de s'unir pour accroître, en même temps que leurs ressources, les profits attachés à leur labeur persévérant. De remarquables essais de ce genre ont été déjà tentés, et leur succès mérite d'être signalé. C'est ainsi que dans l'Est on a fondé, entre les membres des « fruitières », plusieurs associations de crédit. Des avances en nature sont faites par la société, qui retient ultérieurement une somme équivalente sur le produit des ventes effectuées par ses soins. Ce sont, par exemple, les fromages en cours de fabrication, avec les fournitures ordinaires de lait effectuées dans l'avenir par les sociétaires, qui servent de gage à ces emprunts. En tous cas, il est désirable que ces tentatives encore rares deviennent plus fréquentes et que leur succès rassure les plus timides.

Quelle sera, en définitive, l'influence d'une législation nouvelle semblable à celle dont nous venons de parler à propos du projet récemment voté par la Chambre? — Cette influence nous paraît devoir être très heureuse, si l'on a soin de renoncer résolument à toute fondation de banque centrale subventionnée dont l'insuccès retentissant peut être dangereux.

En se bornant à donner aux sociétés de crédit mutuel des facilités nouvelles pour se constituer, on ne peut que servir utilement les intérêts agricoles.

Ce serait, d'ailleurs, faire preuve d'une singulière crédulité que de voir dans une simple réforme législative de ce genre le salut de notre agriculture. Les résultats désirés se feront sans doute longtemps attendre, et, quel que soit le sort du projet de loi dont nous avons parlé, c'est à l'initiative individuelle que l'on devra la création ou le développement des sociétés de crédit mutuel dans nos campagnes.

BIBLIOGRAPHIE

On pourra consulter avec profit pour étudier la question spéciale de l'emploi des capitaux en agriculture :

Cours d'Agriculture de M. DE GASPARIN. t. V.

Traité d'Économie rurale, par J. PIRET. 3 vol. in-8°. Masson, Paris.

Cours d'Économie rurale, par M. ED. LECOUTEUX. 1 vol. in-8°. Paris, librairie de la Maison rustique.

Les Entreprises agricoles, par F. CONVERT. 1 vol. Paris, Masson.

Sur la question du crédit agricole, on peut lire :

Rapport de M. Mir, député, sur la proposition de loi de M. Méline (Documents parlementaires, 5e législature, n° 2036).

Nouvelles lettres d'Italie, par E. DE LAVELEYE. 1 vol. in-8°. Paris, Alcan (Banques de crédit rural en Italie).

Dix jours dans la Haute-Italie, par M. LÉON SAY. 1 vol. in-8°. Paris, Guillaumin.

Le Crédit en Allemagne, par E. LE BARBIER. 1 vol. in-8°. Paris, Berger-Levrault.

V

Qu'est-ce qu'un concours agricole? — Confusion qui existe entre l'intérêt des placements immobiliers et celui des capitaux engagés dans la culture. — Monographie d'une exploitation rurale cultivée par un fermier. — Bénéfices correspondant au capital d'exploitation. — Monographie d'une métairie. — Les bénéfices du propriétaire et ceux du cultivateur. — Conclusions.

Le lecteur indifférent, qui trouve dans son journal le récit des fêtes données à l'occasion d'un concours régional agricole, se hâte de détourner les yeux pour s'occuper de choses plus sérieuses ou plus intéressantes : d'un discours politique, d'une grève retentissante ou d'une représentation théâtrale. Certes, une bonne pièce est faite pour nous charmer; une grève est chose grave qui doit nous intéresser, et ce serait manquer au respect à nos hommes d'Etat que de ne pas prêter à leurs confidences toute l'attention qu'elles méritent. Mais à quoi bon ce dédain pour les modestes fêtes de nos cultivateurs? Il existe en France une industrie à laquelle près de 18 millions de personnes demandent chaque jour leur subsistance et leur bien-être en échange de leur travail. Pour ateliers, elle possède les millions de parcelles entre lesquelles se divise le sol même de notre pays; le capital foncier qu'elle met en œuvre vaut 90 milliards de francs; son capital d'exploitation s'élève à 12 ou 13 milliards, et la valeur de son produit brut atteint une somme égale. Cette industrie, c'est l'agriculture. N'est-il pas permis d'en parler sans sourire, et de solliciter sans indiscrétion l'attention du lecteur, pour l'instruire de ces grands intérêts qui se confondent avec ceux de la France?

Qu'est-ce qu'un concours régional agricole? C'est, tout simplement, une exhibition publique des plus beaux animaux et des plus beaux produits d'une région. A la suite de cette exposition, des prix très enviés sont distribués aux propriétaires des meilleurs animaux, ou aux cultivateurs qui ont obtenu les produits agricoles les plus remarquables. Il s'agit donc d'un « concours », et d'un concours qui se rapporte aux productions agricoles d'une région. Telle est l'origine de l'expression : « Concours régional agricole. » Les instruments les plus variés sont, en même temps, exposés par les constructeurs ou les négociants qui trouvent, ainsi, l'occasion de montrer à leurs clients toutes les ressources dont ils peuvent disposer pour faciliter leur tâche.

L'année qui précède celle du concours agricole, une commission spéciale, nommée par le ministre de l'agriculture, visite les fermes, les propriétés, ou les métairies, dont les cultivateurs ont demandé à être inscrits sur la liste de ceux qui concourent pour les prix spéciaux, réservés aux plus dignes. Ces récompenses sont solennellement distribuées en séance publique aux lauréats de ce concours nouveau. Chacun d'eux a contribué pour une part à accroître la richesse de son pays. Celui-ci, par une culture intelligente et habile, a augmenté sa fortune, sans spéculation hasardeuse ou coupable; celui-là a défriché quelques landes, planté quelques hectares de bois, assaini, irrigué, drainé, c'est-à-dire accru de quelques centaines ou de quelques milliers de francs la valeur de notre sol et le produit brut de notre grande agriculture. Son œuvre est un enseignement et un exemple. Tous, quels qu'ils soient, ont pensé et agi pour le bien du pays, et laisseront sur le sol la trace de leur passage, la marque d'une activité qui restera féconde. C'est ce que je me suis dit et répété souvent, en voyant monter sur l'estrade dressée dans quelque enceinte banale, et recevoir une récompense, le propriétaire, le fermier ou le paysan aux mains rudes qui se perdait ensuite dans la foule,

Et je n'ai pas trouvé cela si ridicule.

L'indifférence avec laquelle on traite habituellement les questions agricoles tient la plupart du temps à l'ignorance du public qui ne sait pas quels profits l'agriculture peut permettre de réaliser. — Les gens du monde confondent presque toujours la propriété et la culture. De ce que les placements sûrs en fonds de terre ne rapportent guère plus de 3 0/0, ils en concluent que l'agriculture est une industrie misérable et les cultivateurs des ignorants auxquels la routine tient lieu d'expérience et d'instruction.

Il est vrai que le taux d'intérêt des placements en propriétés rurales reste peu élevé; mais cette modicité résulte moins des conditions dans lesquelles s'exerce l'industrie agricole que des avantages particuliers attachés à la situation de propriétaire. Ces avantages sont pourtant considérables, et il faut convenir que les capitalistes savent très bien les apprécier puisqu'ils consentent à acheter fort cher des terres d'un revenu assuré mais médiocre. En dehors de la sécurité du placement et des chances de plus-values, il est, en effet, hors de doute que le titre de propriétaire donne à celui qui en est revêtu une influence appréciée, une situation sociale dont il ne saurait contester le prix, puisqu'il consent à l'acquitter en acceptant, sans hésiter, une réduction des revenus que son capital lui assurerait s'il l'avait placé d'une façon différente.

Quant aux revenus des capitaux employés par l'agriculteur, quant aux profits réalisés par l'emploi de ce que l'on nomme, avec raison, les capitaux d'exploitation, on ignore généralement quelle est leur importance. On admet, le plus souvent, sans hésiter, que ces revenus sont peu élevés, et les profits insignifiants. C'est là une erreur doublement regrettable; elle nuit à l'agriculture en détournant de cette industrie les capitaux et les activités; elle nuit aux propriétaires eux-mêmes qui ne savent pas qu'en s'occupant de leurs terres et en s'associant au cultivateur ils pourraient accomplir une œuvre utile, tout en assurant à leurs capitaux disponibles un placement avantageux.

Je voudrais insister sur ces deux points et montrer successivement, en m'appuyant sur des faits observés avec soin, quels peuvent être les profits réalisés par un cultivateur, quels sont aussi les revenus d'un propriétaire s'occupant de ses terres avec intelligence et avec quelques connaissances scientifiques.

Je prendrai, tout d'abord, comme exemple, une modeste exploitation de 35 hectares, située à quelques kilomètres d'une ville de 10,000 habitants, en Franche-Comté. La proximité d'une agglomération importante permet au fermier de se livrer à la production du lait, vendu en moyenne 0 fr. 20 le litre.

La nécessité d'entretenir des vaches laitières oblige le cultivateur à diviser l'étendue de son domaine de la façon suivante :

Céréales	8 hectares.
Cultures fourragères.	25
Pommes de terre	1.5
Jardins, etc	0.5
Total	35 hectares.

Le bétail qu'il peut nourrir sur cette surface, avec les ressources dont il dispose et avec quelques aliments achetés au dehors, est représenté par :

19 vaches laitières,
1 élève,
1 veau,
4 chevaux,
4 porcs.

La basse-cour renferme une cinquantaine de volailles.

Si l'on veut se rendre compte du véritable produit brut de cette exploitation, il faut noter maintenant le montant des ventes effectuées et en déduire : 1° la valeur des engrais, semences et aliments achetés, parce que ce sont là des moyens de production et non des produits ; 2° la valeur des animaux achetés, parce que ces derniers doivent être également rangés parmi les éléments du capital d'exploitation, et non dans la catégorie des produits.

En tenant compte de ces observations trop souvent négligées dans les monographies d'exploitations rurales, nous trouvons que le produit brut du domaine s'élève, par année, à 12,745 fr., ce qui correspond au chiffre moyen de 365 fr. par hectare cultivé. En voici d'ailleurs les éléments :

8,800 kilogr. de froment à 24 fr. le quintal.	2.112	francs.
55,000 litres de lait à 0 fr. 20. . . .	11.000	—
Vaches et veaux vendus	3.660	—
Pommes de terre	400	—
Œufs et volailles.	100	—
Total	17.272	francs.

En retranchant de ce total pour achats d'animaux, d'engrais, d'aliments et de semences, une scmme de 4,527 fr., il reste, comme nous l'avons dit plus haut, 12,745 fr., qui représentent le véritable produit brut de l'exploitation.

Pour apprécier, maintenant, les bénéfices réalisés, il faut déduire du produit brut les différentes dépenses qui n'en ont pas été déjà soustraites.

Voici le détail de ces dépenses :

Main-d'œuvre.	1.538	francs.
Entretien des animaux	232	—
Achats de nourriture pour le personnel de ferme.	1.750	—
Entretien et maladies	225	—
Fermage	3.650	—
Frais généraux.	288	—
Assurances, impôts.	115	—
Total.	7.798	francs.

Le bénéfice net se réduit donc à la différence entre le produit brut de 12,745 fr., et les dépenses de 7,798 fr., c'est-à-dire à 4,947 fr. Ce chiffre a déjà une importance très grande; mais, pour juger de l'habileté professionnelle du cultivateur et du revenu des capitaux engagés dans la culture, il est indispensable de calculer le montant du capital d'exploitation. Voici le relevé de ces différents éléments groupés dans un ordre convenable :

Bétail	13.200	francs.
Matériel de culture	4.500	—
Mobilier.	3.500	—
Semences	350	—
Avances.	2.500	—
Total	24.050	francs.

Il ressort de la comparaison faite entre les bénéfices réalisés et les capitaux employés que ces derniers rapportent un intérêt annuel de 20 0/0 environ. Tel est le fait saillant qui se dégage de cette courte étude. Quant à la situation du cultivateur, il est évident qu'elle est très favorable. Son logement est assuré ; la basse-cour, la laiterie, le jardin, lui fournissent une partie de sa nourriture, et permettent d'accroître le bien-être de la famille composée de deux jeunes filles et de leur mère.

Cette exploitation peut-elle être considérée comme une exception? En aucune façon. C'est un exemple, mais non une exception. Il existe en France des milliers d'exploitations rurales qui donnent ou pourraient donner des produits semblables et des bénéfices analogues. Quant à l'intérêt des capitaux engagés, on voit combien il est élevé. Sans doute il peut tomber durant quelques années au-dessous du chiffre de 20 0/0, mais il peut s'élever aussi plus haut. Ce taux, qui semblera à quelques-uns exagéré, n'est cependant pas extraordinaire. C'est l'habileté du cultivateur, son travail intelligent, sa bonne administration et des procédés culturaux bien choisis qui en expliquent l'élévation. Dans d'autres conditions, dans d'autres régions, et grâce à l'emploi de méthodes culturales différentes mais également bonnes, on pourrait assurer aux capitaux d'exploitation une rémunération aussi considérable. On voit, en tous cas, combien l'intérêt des capitaux d'exploitation mis en œuvre par un agriculteur intelligent, est plus élevé que celui des placements immobiliers. Il importe, comme nous le disions plus haut, de ne jamais confondre à ce point de vue spécial la situation du propriétaire et celle du cultivateur.

Voici, maintenant, un domaine délaissé par son fermier et que le propriétaire a le courage de faire cultiver, sous sa direction, par un métayer. Chacun d'eux fournira la moitié du capital d'exploitation, et les profits se partageront par moitié, aussi bien que les dépenses. Ce domaine a une surface de 67 hectares, et il était loué précédemment 2,500 fr. à un fermier qui payait mal ou qui ne payait pas du tout. Après quatre années d'efforts, voici l'organisation adoptée et la situation financière. C'est ici encore la production du lait que l'on a en vue. Vingt-quatre vaches laitières donnent 64,000 litres de lait vendu à raison de 0 fr. 15 au directeur d'une fromagerie coopérative. Les trois quarts de la propriété, dont les terres sont de médiocre qualité, ont été consacrés à la production des fourrages. On ne compte que 9 hectares occupés par le froment et 9 hectares ensemencés en avoine. — Il est, en outre, nécessaire d'acheter au dehors des aliments pour le bétail, et de payer des frais de main-d'œuvre considérables.

Le sol appauvri par une mauvaise culture trop prolongée n'a pas recouvré toute sa fécondité, et, d'autre part, on n'a pas franchi la période des essais au point de vue de l'application des engrais industriels complémentaires.

Néanmoins, les résultats obtenus sont très remarquables. Le produit brut est ainsi constitué :

Froment vendu	2.240	francs.
Avoine	1.500	—
64,000 litres de lait à 0.15 . . .	9.600	—
Veaux.	1.403	—
Pommes de terre	400	—
Total.	15.143	francs.

En déduisant de ce total 3,423 fr. pour achats d'aliments, d'engrais et de semences, il reste, comme produit brut véritable, 11,720 fr., somme très faible qui correspond à 175 fr. par hectare.

Les dépenses, au contraire, sont fort élevées ; nous ne devons pas oublier que les terres ont été mal cultivées pendant longtemps, et que l'on fait exécuter des façons multipliées.

Nous trouvons les chiffres suivants :

Main-d'œuvre.	4.907	francs.
Entretien des animaux	342	—
Impôts et assurances.	211	—
Divers	83	—
Total	5.543	francs.

Le bénéfice net de l'exploitation est donc représenté par la différence entre ce dernier chiffre et le produit brut déjà calculé; il atteint 6,677 fr.

D'autre part, le capital d'exploitation s'élève à 18,000 fr. et est ainsi constitué :

Bétail	12.500 francs.
Mobilier de culture	3.000 —
Avances.	2.500 —
Total.	18.000 francs.

Ainsi que nous l'avons dit, ce capital a été fourni par le propriétaire et le métayer, qui en possèdent chacun la moitié, et les profits doivent également être partagés. La part du propriétaire s'élève à 3,083 fr., et celle du métayer à une somme égale.

Le bénéfice de ce dernier correspond à 34 0/0 du capital qu'il a consacré à la culture. Quant au propriétaire, non seulement il retrouve les 2,500 francs du fermage perçu autrefois, mais encore il réalise un profit de 583 fr., représentant plus de 6 0/0 du capital d'exploitation engagé dans la culture.

On pourrait, il est vrai, faire observer que les bénéfices du métayer représentent la valeur de son travail et celui de sa femme. En réalité, le produit de ses journées de travail et de celles de sa famille ne représenterait pas 1,500 fr. par an. Sa situation de métayer lui assure un logement convenable, des menus avantages fort sérieux, et une rémunération de son capital qui correspond au taux considérable de 17 0/0.

Le domaine dont nous venons d'indiquer rapidement l'histoire et d'analyser l'exploitation ne représente, à vrai dire, ni une exception ni un type bien caractérisé correspondant à la culture d'une région. C'est un exemple simplement. Il nous montre combien est utile et en même temps avantageuse l'association du propriétaire avec le cultivateur. Il nous fait aussi comprendre tout l'intérêt que peut avoir le possesseur du sol à fournir une partie du capital d'exploitation en se réservant la direction générale de l'entreprise.

Non seulement ses revenus sont mieux assurés, mais encore les sommes consacrées à la bonne exploitation de ses terres se trouvent placées à un taux d'intérêt qu'aucun placement mobilier ne pourrait lui assurer avec autant de sécurité. Un champ immense reste encore ouvert à l'activité des hommes qui voudront consacrer au développement de la production agricole leur dévouement, leurs capitaux et leurs lumières. Il suffit, pour s'en convaincre, de parcourir quelque région de la France où l'agriculture n'a pas encore le caractère d'industrie savante et sûre d'elle-même qu'elle revêt dans nos beaux départements des environs de Paris ou du Nord. La terre, qui n'a pourtant pas cessé de produire depuis bien des siècles, n'attend, pour être plus féconde, que des soins intelligents et la rude étreinte des mains vigoureuses qui sauront lui commander.

Je me souviens d'avoir visité dans une vallée du Jura un domaine de 100 hectares qui venait d'être métamorphosé en quelques années par un cultivateur intelligent. La propriété tout entière, y compris les bâtiments et les bois, avait été achetée par lui 30,000 francs, c'est-à-dire un peu plus de 300 francs l'hectare. Les céréales étaient misérables sur ce sol ingrat, et les prairies elles-mêmes étaient de mauvaise qualité. Au bout de quatre années, grâce à quelques travaux d'assainissement et à l'emploi des scories de déphosphoration, les récoltes de céréales avaient triplé, et la production fourragère s'était accrue de façon à permettre de nourrir deux fois plus de bétail. De pareils exemples pourraient être multipliés. Il est inutile d'aller chercher au loin de nouvelles terres à féconder. On peut en découvrir dans notre pays. Des améliorations intelligentes et l'emploi, encore si mal connu, des engrais complémentaires, opèrent des transformations que les propriétaires ne savent ou ne veulent pas entreprendre. — Ils sont pourtant singulièrement intéressés à ne pas négliger les occasions qui s'offrent à eux d'accomplir une œuvre utile en réalisant un profit. J'ai essayé de montrer aujourd'hui par un exemple que cette tâche n'était pas au-dessus de leurs forces, et que les capitaux engagés dans la culture pouvaient assurer des intérêts fort élevés à ceux qui savaient en faire bon usage.

BIBLIOGRAPHIE

Nous possédons, malheureusement, fort peu de monographies d'exploitations agricoles. On pourra, cependant, trouver quelques détails intéressants dans la collection des rapports sur les primes d'honneur et prix culturaux. Ces rapports sont publiés par le ministère de l'agriculture.

Consulter également :

Cours d'Économie rurale, par Ed. Lecouteux, t. II. Paris, librairie de la Maison rustique.

Traité d'Économie rurale, par J. Piret. Paris, Masson.

La ferme de Masny, par J.-A. Barral. 1 vol. in-8°. Paris.

VI

Les bouchers et le commerce de la viande. — La boucherie des hospices du Havre. — Un compte de boucherie. — La boucherie coopérative de Nîmes et le rapport de M. Hérisson.

Il est de mode, nous le savons, de médire des bouchers; on leur reproche avec amertume de chercher à réaliser des gains considérables, et les agriculteurs aussi bien que les consommateurs des villes les rangent volontiers dans la catégorie des « intermédiaires », cette engeance maudite dont il faudrait, paraît-il, débarrasser nos campagnes ou nos cités. — Chose singulière, loin de disparaître, les intermédiaires semblent se multiplier, et nous soupçonnons fort leurs adversaires les plus acharnés de ne pas savoir les combattre. Les épigrammes n'effrayent guère les bouchers, et les traits acérés qu'on leur lance, de temps à autre, n'altèrent pas leur bonne humeur, parce qu'ils ne troublent pas leur sécurité. Ils savent que le publiciste éloquent, dont les sarcasmes réjouissent le public, a mangé le matin même une excellente côtelette sortie de leurs magasins. Ils n'ignorent pas davantage que le lendemain, cet adversaire farouche leur achètera un bifteck pour nourrir sa verve et alimenter son inspiration. Que leur importe, en vérité, ce reproche si naïf de chercher à réaliser de gros profits, alors que tout le monde en fait autant, depuis l'agriculteur qui voudrait bien vendre.... plus cher, jusqu'au client indigné qui désirerait acheter... meilleur marché! Les plaisanteries vieillissent, les colères tombent, les articles vengeurs jaunissent en quelque coin, les années passent, et... MM. les bouchers restent! Ils le savent bien, d'ailleurs, et ils rient sous cape, jusqu'au moment où le client, plus avisé, comprend enfin qu'il faut agir au lieu de parler, et lutter au lieu de gémir.

Comment peut-on organiser la victoire et amener à composition les bouchers récalcitrants? C'est ce que nous voudrions montrer aujourd'hui. Cette question intéresse le public agricole aussi bien que les citadins; nous ne craignons donc pas de l'aborder dans cette chronique.

S'il est un patrimoine respectable, c'est assurément celui des pauvres, et s'il est des économies nécessaires, ce sont certainement celles qu'on cherche à réaliser pour accroître le budget de la charité.

On ne peut qu'applaudir à l'intelligente initiative des administrateurs de quelques hospices qui ont réussi, tout à la fois, à améliorer la qualité des viandes fournies aux indigents, et à réduire leur prix d'achat.

Pour atteindre ce double but, ils ont simplement substitué au système de l'adjudication, qui assurait aux bouchers des profits considérables, celui de l'achat direct et de l'organisation d'une véritable boucherie spéciale, dont les comptes sont extrêmement instructifs. Cette méthode est aujourd'hui suivie, par exemple, à Tours, à Angers, et au Havre. Elle a donné les meilleurs résultats, et il nous semble qu'elle pourrait être très utilement adoptée, non seulement par les hôpitaux ou hospices, mais encore par certains établissements d'État, comme les lycées, ou par les corps de troupe.

Les syndicats agricoles pourraient, d'autre part, s'entendre avec les différentes administrations pour la livraison d'animaux vendus sans aucuns frais et par fournitures régulières, au grand avantage des producteurs agricoles, aussi bien que des consommateurs intéressés. Nous reviendrons, du reste, tout à l'heure, sur cette question. Contentons-nous de la signaler, ici, au passage.

Il nous tarde de mettre sous les yeux du lecteur un document précieux et bien rare; un compte de boucherie, sincère, véritable, précis, qu'un « intermédiaire » eût peut-être hésité à nous fournir, et que nous devons à l'obligeance de l'économe des hospices du Havre, M. Dubus. Il a bien voulu répondre à toutes nos questions et éclaircir pour nous tous les mystères. Nous lui adressons nos biens sincères remerciements.

Voici, à titre d'exemple, le relevé des opérations relatives à la boucherie des hospices pendant l'année 1892 :

Compte de boucherie des Hospices du Havre.

Espèces.	Nombre.	Poids net.	Prix d'achat.	Dépenses diverses.	Recettes diverses.	Dépense nette.
		kg.	fr.	fr.	fr.	fr.
Bœufs. . .	235	71.164	101.375	13.190	11.678	102.886
Veaux . .	55	5.525	8.721	934	466	9.189
Moutons .	315	9.799	18.432	1.658	1.726	18.365
Porcs. . .	20	2.500	3.840	»	»	3.840
Issues. . .	»	6.784	»	»	»	»
Totaux.	625	95.772	132.368	15.783	13.870	134.281

Le prix de revient est : pour les bœufs, 1 fr. 44; pour les veaux, 1 fr. 66; pour les moutons, 1 fr. 87; pour les porcs, 1 fr. 53. Le prix moyen ressort à 1 fr. 40.

Il s'agit, comme on le voit, d'un nombre considérable d'animaux, et les moyennes inscrites dans ce tableau ont par conséquent une base très solide. Ajoutons immédiatement que le bétail est de bonne qualité. Le poids moyen en viande nette est, d'ailleurs, très élevé; il atteint 302 kilogr. pour les bœufs, 100 kilogr. pour les veaux, et 31 kilogr. pour les moutons. Ce sont des chiffres qui nous montrent que les animaux étaient fort bien développés. Les prix d'achat nous prouvent, également, qu'il s'agissait de bétail de choix.

Pour bien comprendre, maintenant, ce que signifient les nombres inscrits dans les colonnes de recettes et de dépenses, il est nécessaire de donner quelques détails. On trouvera ces renseignements dans les deux tableaux suivants, qui sont très complets.

1° Dépenses détaillées

	fr.	c.
Courtage pour achats.	1.700	»
Droits d'octroi et d'abatage	10.968	95
Transport de la viande	682	50
Traitements des employés.	2.174	50
Fourrages	20	»
Mobiliers, réparations, etc.	237	20
Total.	15.783	15

2° Recettes

Vente des cuirs et peaux.	7.727	46
— suifs.	4.062	27
— sang.	235	»
— tripes	1.527	50
— graisses	»	»
— os.	318	21
Total.	13.870	44

Les recettes sont donc presque égales aux dépenses malgré les droits d'octroi et d'abatage, malgré le chiffre élevé des gages et salaires. Il y aurait même égalité complète entre ces deux chapitres si les cuirs et peaux n'avaient pas subi, en 1892, une baisse sensible.

Quoi qu'il en soit, le prix de revient du kilogramme de viande, *tous frais payés*, ressort à 1 fr. 44 pour le bœuf, à 1 fr. 66 pour le veau, à 1 fr. 87 pour le mouton et à 1 fr. 53 pour le porc. Nous proposons ces chiffres aux méditations des ménagères du Havre, ou d'ailleurs.

En réalité, ces prix devraient encore être réduits. Il faut tenir compte, en effet, de ce qu'on nomme ici les *issues*, c'est-à-dire du foie, de la langue, etc. On peut estimer à 12 francs par bœuf, à 5 francs par veau et à 1 franc au moins par mouton la valeur de ces morceaux dont plusieurs sont fort estimés des gourmets. Il y aurait, de ce chef, une recette additionnelle de 3,410 francs, à déduire des 134,281 francs, représentant la dépense nette totale. Le prix moyen de la viande consommée aux hospices ressort ainsi à 1 fr. 47 par kilogramme. Encore est-ce là un chiffre beaucoup plus élevé que celui de 1 fr. 40, qui résulte des calculs de l'économe des hospices.

Ces nombres absolus n'offrent pas, d'ailleurs, tout l'intérêt que présenterait une comparaison entre les prix de revient de la boucherie des hospices et les prix de vente des bouchers de la ville du Havre. Est-il possible de faire à ce sujet un rapprochement instructif, et pourrait-on évaluer l'économie réalisée au profit des pauvres, grâce à l'organisation spéciale dont l'administration hospitalière a le droit de revendiquer tout le mérite? Sans doute, nous n'avons pas la prétention de résoudre avec une parfaite précision ce problème délicat, mais, nous pensons, tout au moins, qu'il est permis d'indiquer une solution fort acceptable. Dans ce but, nous avons recherché quels avaient été les prix d'adjudication de la viande de boucherie destinée à la consommation du lycée de la ville du Havre en 1892.

Le prix unique pour toutes les espèces de viande a été de 1 fr. 66. L'écart est fort sensible entre cette moyenne et celle de 1 fr. 47 que nous indiquions tout à l'heure; il s'élève, en effet, à 19 centimes par kilogramme.

En supposant même qu'il s'abaissât à 10 centimes, l'économie réalisée, de ce chef, par l'administration hospitalière, serait encore considérable. Pour une consommation totale de 134,000 kilogrammes de viande, en chiffres ronds, elle atteindrait, comme on le voit, 13,400 francs. — Telle est la somme qu'une réforme intelligente et judicieuse permet d'ajouter au budget des pauvres. Citer de pareils résultats, c'est faire, il nous semble, l'éloge des hommes dévoués auxquels en revient tout l'honneur.

Il nous a paru très intéressant de rechercher, en outre, quels pouvaient être les gains réalisés par l'adjudicataire du lycée. En nous appuyant, d'une part, sur les comptes de la boucherie hospitalière, et en étudiant avec grand soin, d'autre part, la composition de la fourniture en viande de bœuf, veau, mouton et porc, nous avons constaté une différence de 15 centimes au minimum entre les prix de revient et les prix de vente par kilogramme. Il s'agit ici, bien entendu, d'un bénéfice net, déduction faite de tous frais d'achat, d'octroi, d'abatage, de salaires, etc.

En réalité les profits réalisés par les bouchers dans une grande ville dépassent de beaucoup ce chiffre. Pour le prouver, il nous suffira maintenant d'étudier l'instructive histoire de la boucherie coopérative de Nîmes, dont M. Hérisson racontait récemment, avec beaucoup d'esprit, les curieux épisodes devant la Société des agriculteurs de France.

La fondation d'une boucherie coopérative à Nîmes répondait à un besoin pressant pour une double raison : « Le seul élevage qui soit pratiqué dans le pays, dit M. Hérisson, est celui des agneaux de lait. Ceux-ci sont vendus à l'âge de cinq ou six semaines, lorsqu'ils atteignent, en général, le poids vif de 10 kilogrammes. Passé cette limite, le lait ne leur suffirait plus, on devrait les faire manger, et la chair perdrait dès lors de ses qualités. Ils perdent beaucoup de leur poids par le transport, et lorsqu'on les amène sur le marché, il est de toute nécessité de les vendre. »

Les bouchers de Nîmes avaient su profiter de cette situation toute spéciale. — « Ils formaient une sorte de syndicat occulte, grâce auquel ils faisaient la loi au vendeur. Il arrivait même que sur le marché des agneaux un seul boucher achetait pour le compte de tous les autres, et les éleveurs étaient obligés d'accepter le prix qu'il voulait bien leur faire. »

On voit que la question de la boucherie intéresse tout aussi vivement les producteurs que les consommateurs, et nous avons tenu à citer ce passage pour le bien montrer.

Quant aux animaux de l'espèce bovine, ceux qui étaient choisis par les bouchers présentaient, paraît-il, la plus misérable apparence, et leur viande ne pouvait être que de qualité très inférieure. Pour lutter contre de pareilles pratiques, et assurer aux consommateurs des viandes saines à un taux raisonnable, M. Hérisson fonda, il y a cinq ans, une boucherie coopérative dont le capital primitif, divisé en 1,000 actions de 50 fr., s'éleva par conséquent à 50,000 fr. sur lesquels 25,000 fr. furent seulement versés. La boucherie fut ouverte au public dès le mois de mars 1888, et ses prix étant inférieurs de 30 centimes par kilogramme à ceux des bouchers de la ville, les clients affluèrent. « Au bout de vingt jours, dit M. Hérisson, les premières difficultés paraissant vaincues, et le fonctionnement assuré, nous avons pu faire un inventaire. Nous avons alors constaté avec stupeur que nous avions déjà perdu 12,000 francs? L'écart entre les prix d'achat et les prix de vente devant nécessairement nous assurer un bénéfice, c'était donc à nos garçons bouchers que nous devions nous en prendre. » On apprit, en effet, que ces auxiliaires peu scrupuleux, soudoyés par les bouchers de la ville, qui redoutaient dès lors autre chose que des épigrammes, faisaient sortir subrepticement de la viande, la jetaient dans les égouts ou en donnaient à certains acheteurs quatre ou cinq fois plus que ces derniers n'auraient dû en recevoir.

Les garçons infidèles renvoyés et remplacés, la tactique des bouchers changea, et n'en devint que plus perfide. Ne pouvant plus corrompre les employés, ils corrompirent les cuisinières, et proportionnèrent les présents à la rigidité de leurs principes. La plupart des cordons-bleus passèrent à l'ennemi, et le succès de la boucherie coopérative fut de nouveau compromis.

Le public, fort heureusement, se compose, en grande partie, de ménages qui n'ont pas de cuisinières, et les bouchers échouèrent pour les raisons mêmes qui les avaient fait triompher jusque-là. L'intérêt personnel des ménagères les attira à la boucherie nouvelle, et leurs achats multipliés assurèrent son succès éclatant.

Aujourd'hui, la boucherie coopérative de Nîmes, avec son capital primitif de 25,000 fr. représentant la moitié du capital souscrit, fait 200,000 fr. d'affaires par an. En 1892, ses bénéfices se sont élevés à 10,000 fr. et ont été répartis de la façon suivante : Conformément aux statuts, une première somme de 1,250 fr. assure le payement des intérêts à 5 0/0 du capital versé; 1,700 fr. sont affectés à la réserve; 800 fr. sont distribués aux employés à titre de gratifications, et, enfin, 6,000 fr. sont répartis entre les sociétaires, au prorata de leurs achats. On devine sans peine la satisfaction des consommateurs associés qui toucheront ainsi, paraît-il, 6 0/0 à 7 0/0 du montant de leurs achats.

Les intérêts du public, en général, ne sont pas moins favorisés. Comme le dit avec beaucoup de raison M. Hérisson, « les résultats que nous voulions atteindre en créant une boucherie coopérative étaient non pas d'avoir un chiffre d'affaires sans cesse grandissant, et d'approvisionner, à nous seuls, la ville de Nîmes, mais d'obliger les bouchers à abaisser leurs prix de vente tout en améliorant la qualité de la viande, et de régulariser la vente des animaux sur le marché de la ville ».

Ce double résultat a été obtenu.

Les prix de vente des bouchers ont, tout d'abord, diminué, de 0 fr. 40 par kilogramme depuis la fondation de la boucherie coopérative. — On peut juger, par là, de l'importance des bénéfices réalisés précédemment par cette classe de négociants.

En outre, on vit apparaître sur le marché des animaux de bonne qualité, dont la vente fut assurée par la boucherie coopérative. Amenés à composition, les bouchers eux-mêmes sont aujourd'hui contraints d'acheter du bétail de choix, et la qualité moyenne de la viande débitée s'est trouvée par conséquent améliorée. En ce qui concerne le marché des agneaux de lait, dont nous parlions plus haut en signalant les manœuvres des bouchers coalisés pour avilir les prix, on peut constater une élévation sensible des cours. Les agriculteurs s'adressent désormais

BIBLIOTHÈQUE NATIONALE RF IMPRIMÉS

directement aux administrateurs de la Société coopérative, et les bouchers sont forcés de subir cette concurrence spéciale. « Si nous étions dans un pays d'élevage, dit M. Hérisson, nous essayerions certainement de rendre la coopération double, en faisant participer le vendeur à la répartition des bénéfices sociaux. » C'est déjà là une vue nouvelle et une réforme dont l'application peut avoir, ailleurs, une grande portée. Il y a plus : la boucherie de Nîmes a fait une tentative que nous considérons comme très intéressante pour l'alimentation des corps de troupe. Pendant quelques mois, elle a fourni, en effet, *aux prix ordinaires de l'adjudication*, toute la viande nécessaire à une batterie d'un régiment d'artillerie.

« En donnant pour le bœuf les quartiers de devant, et pour le mouton le morceau de l'épaule, l'ordinaire du soldat s'est trouvé tellement amélioré par cette viande d'excellente qualité, que cette supériorité d'alimentation d'une batterie par rapport aux autres a été déclarée une inégalité choquante. »

En résumé, il faut conclure de tous ces faits

que les bénéfices souvent considérables des bouchers peuvent être réduits toutes les fois qu'on oppose à leurs prétentions une résistance ferme et habile. Comme nous le disions plus haut, ce ne sont pas les sarcasmes ou les plaintes qui peuvent effrayer messieurs les bouchers. Ils cherchent à accroître leur fortune, et personne n'est en droit de le leur reprocher. Il faut agir au lieu de parler, et organiser la lutte au lieu de gémir. Nous venons de montrer comment on pouvait s'y prendre pour triompher. Ce que nous devons souhaiter, c'est que beaucoup d'hommes dévoués suivent l'exemple des administrateurs de l'hospice du Havre, ou celui de M. Hérisson. Quel que soit plus tard le succès de ces tentatives, ce sera toujours un devoir pour nous que d'applaudir aux efforts intelligents de ceux qui ont les premiers tracé la voie à suivre, et organisé la victoire.

VII

La sécheresse. — Trois phénomènes météorologiques caractérisent la période actuelle. — Influence des radiations lumineuses sur le développement des végétaux et le phénomène de la transpiration. — La récolte des fourrages. — La rareté ou l'abondance des fourrages et le prix du bétail. — Cause véritable de la baisse actuelle.

Tout le monde parle de la sécheresse, et nous serions impardonnable de ne pas y faire allusion dans cette revue consacrée aux questions agricoles.

En réalité, le mot « sécheresse » que nous employons ici ne traduit pas exactement notre pensée. Trois phénomènes météorologiques fort importants, et parfaitement distincts, caractérisent la période qui vient de s'écouler depuis le commencement de mars jusqu'au 25 avril. Le premier, c'est l'élévation de la température; celle-ci a été, durant le mois de mars, supérieure de près de 3 degrés à la moyenne, constatée auprès de Paris par M. M. Marié-Davy.

En second lieu, la quantité d'eau tombée à la surface du sol a été très faible. Elle atteint, en mars, 6 centimètres, alors qu'elle s'élève ordinairement à 33 centimètres. Ce second phénomène est celui qui a particulièrement frappé le public, parce que tout le monde peut le constater aisément.

Enfin, il convient de noter un troisième phénomène d'une grande importance au point de vue agricole. Non seulement la température moyenne de mars et des vingt-cinq premiers jours d'avril a été très élevée, mais le ciel est resté presque toujours pur, et les radiations lumineuses ont, en conséquence, été très intenses.

L'influence de ces radiations sur la décomposition de l'acide carbonique par les feuilles encore jeunes est extrêmement marquée ; l'activité des cellules à chlorophylle devient très grande, surtout à la période de la vie des plantes qui correspond à cette saison de l'année. Le développement rapide des végétaux ne saurait donc nous étonner.

Il ne faut pas oublier, en outre, que ces mêmes radiations lumineuses déterminent, avec la plus grande rapidité, une évaporation considérable de l'eau par les feuilles. C'est ce qu'on appelle, en physiologie végétale, le phénomène de la transpiration. Les quantités d'eau ainsi évaporées, et puisées évidemment dans le sol, sont beaucoup plus grandes qu'on ne pourrait l'imaginer. Ainsi, il résulte d'expériences nombreuses exécutées à Grignon par mon éminent collègue, M. Dehérain, qu'une feuille de blé ou de seigle exposée au soleil dans des conditions normales, évapore en une heure une quantité d'eau voisine de son propre poids. La masse d'eau puisée dans le sol par un hectare de blé, de seigle ou d'avoine, sous l'influence des radiations lumineuses dont nous constatons l'éclat en ce moment, est certainement énorme, et atteint, chaque jour, plusieurs milliers de kilogrammes.

Il faut donc que la réserve contenue dans la terre puisse suffire à cette dépense, sinon la plante s'affaisse, languit, et meurt.

L'absorption des nitrates et des matières minérales par les racines exige encore la présence d'une certaine quantité d'eau dans le sol, et la vie de la plante, aussi bien que son développement, est subordonnée à cette condition.

Enfin, pour germer, les graines doivent être placées dans une terre suffisamment humide. On peut donc craindre, en ce moment, que les betteraves, semées toujours tardivement, parce qu'elles redoutent les gelées du printemps, ne lèvent irrégulièrement. Certes, rien n'est encore perdu, mais on comprend fort bien l'anxiété du cultivateur qui cherche du regard quelques gros nuages à l'horizon et regrette de n'en point découvrir.

Le défaut de pluie, la température élevée et l'intensité des radiations lumineuses vont probablement exercer une influence très fâcheuse sur la récolte des fourrages, et, en particulier, sur celle des prairies naturelles non irriguées. Si l'on songe que les plantes de nos prairies exigent par tonne de matière sèche, c'est-à-dire de foin récolté, 250 à 300 mètres cubes d'eau, on voit que, pour une première coupe du poids de 3,000 kilogr., la terre doit fournir au moins 750 mètres cubes par hectare. Cette quantité est le plus souvent apportée par les pluies, sauf dans la région du Midi, où l'on supplée à leur insuffisance par l'irrigation.

La sécheresse actuelle, si persistante et si extraordinaire, peut diminuer dans une large proportion les premières coupes de foin ou de fourrages verts, en général. Ces craintes ont eu tout dernièrement une influence sensible sur les cours. Le foin, qui était coté 75 à 76 fr. les 520 kilogr. sur le marché de Paris, vers la fin de mars, vaut aujourd'hui plus de 80 fr. Cette situation est d'autant plus fâcheuse que l'année 1892 avait déjà été marquée par une très mauvaise récolte de fourrages et par l'élévation inusitée de leur prix. La tonne de foin, qui valait environ 112 fr. pendant le premier semestre, était vendue 160 fr. durant les six derniers mois de 1892, à la suite d'une diminution considérable de la récolte ordinaire.

Ces faits ne paraissent pas, au premier abord, avoir une très grande importance, et le public ne leur accorde pas l'attention qu'ils méritent.

Nous croyons, au contraire, qu'il est très intéressant de les étudier attentivement, et d'en dégager les conséquences. La rareté ou l'abondance des fourrages exerce, en effet, une action immédiate et décisive sur l'élevage du bétail, et, en particulier, sur le prix de la viande. Aujourd'hui, malgré l'établissement de nouveaux droits de douane, qui avaient évidemment pour but de provoquer une élévation des cours, on peut constater que le prix du bétail est resté stationnaire; ce prix a même subi une baisse marquée, si l'on compare les mercuriales actuelles à celles de 1890 ou de 1891. Faut-il en conclure, avec quelques partisans du protectionnisme agricole, que l'élévation des droits de douane ne saurait produire la hausse artificielle qu'on les accuse trop légèrement de provoquer? Cette théorie fantaisiste ne peut nous satisfaire, et il faut chercher ailleurs l'explication des variations du prix de la viande. C'est, en réalité, la rareté des fourrages pendant l'année 1892 qui a déterminé la baisse des prix du bétail, et annulé l'action des droits de douane votés, au contraire, pour provoquer leur élévation. Si le lecteur veut bien nous accorder quelques minutes d'attention, nous allons lui montrer, ainsi, les conséquences économiques très importantes et très curieuses de la sécheresse.

La baisse récente du prix de la viande ne saurait être discutée. Pour la constater et en mesurer l'importance, il nous suffira de relever les cours du marché de la Villette à Paris et de calculer les moyennes annuelles depuis 1888, d'après la statistique officielle publiée chaque semaine.

Voici le tableau qui résume ces indications pour le bœuf et le mouton :

	Prix du kilogramme de viande nette (1re qualité).	
Années.	Bœuf.	Mouton.
1888	1.44	1.82
1889	1.45	1.92
1890	1.61	2.12
1891	1.60	2.07
1892	1.52	1.93

Depuis le 1er janvier 1888 jusqu'au 2 février 1892, les droits de douane frappant les animaux vivants et les viandes fraîches importées n'ont pas été modifiés. On voit, cependant, que les oscillations des prix sont très marquées. Enfin, durant l'année 1892, malgré l'augmentation sensible des droits à l'importation, les cours fléchissent au lieu de se relever. La baisse atteint 8 centimes pour le bœuf et 14 centimes pour le mouton. Comment peut-on expliquer les variations qui se sont produites alors que notre régime douanier était resté le même? Comment arriver à découvrir la cause de cette baisse curieuse qui se manifeste, en 1892, c'est-à-dire au moment où il était permis de s'attendre à une hausse?

L'examen de nos importations va-t-il nous permettre d'éclaircir ce mystère? Examinons les chiffres du commerce spécial qui se rapportent aux animaux de l'espèce bovine.

En voici le tableau :

Années.	Prix du kilogr. de bœuf à la Villette.	Importation, nombre de têtes.
1888	1.44	50.000
1889	1.45	59.000
1890	1.61	78.000
1891	1.60	71.000
1892	1.52	29.000

Il est impossible d'admettre que la concurrence étrangère ait fait fléchir les cours, puisque les importations diminuent quand ils s'abaissent, tandis qu'elles s'accroissent, au contraire, quand les prix s'élèvent.

En est-il de même, toutefois, pour la viande

de mouton, et nos importations considérables de « carcasses » n'ont-elles pas eu pour effet de provoquer une baisse très sensible? Les chiffres suivants vont nous permettre de répondre à cette question.

Années.	Prix du kil. de viande de mouton à la Villette.	Moutons vivants importés.	Moutons introduits sous forme de viande fraîche (20 k. par tête).	Total des importations.
—	—	—	—	—
		milliers	milliers	milliers de têtes
1888	1.82	1.508	560	2.068
1889	1.92	1.347	875	2.222
1890	2.12	1.140	1.247	2.387
1891	2.07	1.150	1.477	2.627
1892	1.93	1.429	310	1.739

Il suffit de jeter les yeux sur la colonne des prix et sur celle des importations totales pour constater que, d'une façon régulière, les importations augmentent ou diminuent selon que les prix s'élèvent ou s'abaissent. L'influence de la concurrence étrangère ne peut expliquer la diminution de prix en 1892, puisque nos importations n'ont jamais été plus faibles que durant cette année. L'action des nouveaux droits de douane se fait pourtant sentir très visiblement.

Les viandes abattues qui jouissaient avant février 1882 d'un traitement favorable, ayant été fortement taxées à la frontière (32 fr. les 100 kilog.), nos importations s'abaissent brusquement. En 1891, elles représentaient l'équivalent de 1,477,000 moutons vivants; en 1892, ce chiffre tombe à 310,000 !

Il résulte, en définitive, de tous ces faits que le mouvement de nos importations ne peut pas expliquer les variations si marquées du prix de la viande sur le marché de la Villette.

Le problème que nous nous proposons de résoudre est, en réalité, fort simple.

Tous les hommes qui connaissent les questions agricoles, et tous les gens de bon sens, comprendront aisément que le nombre des animaux envoyés au marché par les cultivateurs dépend surtout des facilités ou difficultés de l'alimentation. Quand les fourrages sont abondants, l'agriculteur élève, engraisse, utilise, et, en un mot, conserve les animaux de ferme. Il n'envoie, alors, au marché, que les bêtes qui représentent, en quelque sorte, le produit régulier et normal de ses troupeaux. Souvent même, pour utiliser précisément ses ressources en fourrages, il achète de jeunes élèves, ou se livre à des opérations d'engraissement, à la production du lait, etc.

Les aliments nécessaires au bétail, viennent-ils à manquer? La récolte des prairies est-elle compromise par la sécheresse? L'agriculteur ne peut plus, dès lors, conserver dans ses étables les animaux dont il lui est impossible d'assurer la nourriture. Non seulement on ne le voit plus acheter, pour élever ou pour engraisser, mais il est forcé de vendre à la hâte une partie de son troupeau. C'est là une nécessité, surtout pour le petit fermier ou le modeste propriétaire dont les ressources sont limitées et qui ne peut pas acheter les aliments que l'industrie lui fournirait.

Dans la première hypothèse, c'est-à-dire lorsque les fourrages sont abondants, le nombre des animaux destinés à la boucherie et menés au marché est relativement faible; en conséquence, les prix s'élèvent. Une disette de fourrages oblige-t-elle, au contraire, les cultivateurs à vendre promptement les animaux qu'ils ne peuvent plus nourrir? Cette nécessité commune a pour conséquence l'encombrement des marchés et l'avilissement des prix.

Sans doute, cette explication est fort satisfaisante, mais elle ne doit pas nous suffire, et il est indispensable d'étudier les faits qui peuvent seuls en confirmer la valeur.

Le tableau suivant va précisément nous servir à mettre en évidence le lien qui existe entre les fluctuations de prix de la viande et celles du cours des fourrages.

Années.			Prix du kilogr. de viande nette à la Villette		Prix du foin par 1,000 kilogr.
			Bœuf.	Mouton.	
4e	trimestre	1888.	1.34	1.65	130
1er	semestre	1889.	1.39	1.82	116
2e	—	1889.	1.51	1.99	94
1er	—	1890.	1.61	2.14	92
2e	—	1890.	1.61	2.09	96
1er	—	1891.	1.58	2.08	100
2e	—	1891.	1.61	2.07	106
1er	—	1892.	1.54	1.98	112
2e	—	1892.	1.51	1.88	160

Au début de la période que nous considérons, le prix de la viande est relativement bas, et celui du foin très élevé. A mesure que le cours des fourrages s'abaisse, parce que ceux-ci sont plus abondants, le prix du kilogramme de viande s'élève graduellement. En 1890 et 1891, la valeur de la tonne de foin tombe à 92 fr. et oscille longtemps autour de 100 fr. Aussi, voyons-nous la viande de bœuf ou de mouton augmenter de prix rapidement et atteindre un maximum. Durant le premier semestre de 1892, un phénomène inverse se produit; à une hausse des fourrages correspond une baisse de la viande, baisse qui s'accentue encore pendant le deuxième semestre au moment où la tonne de foin atteint le cours extraordinaire de 160 fr.

Il ressort évidemment de ces faits que le prix de la viande est intimement lié à l'abondance ou à la rareté des fourrages. Rien de plus simple, dès lors, que d'expliquer la baisse actuelle du bétail, malgré le relèvement des droits de douane. Les agriculteurs ont souffert dernièrement, et ils redoutent de souffrir bientôt d'une disette de fourrages si extraordinaire que les prix se sont élevés en quelques mois de près de 45 0/0; ils ont donc été forcés de vendre beaucoup de bétail, et l'on s'attend à ce qu'ils subissent bientôt la même nécessité.

Il n'est point besoin, en vérité, de recourir, pour expliquer les faits que nous constatons, à une théorie bizarre sur les conséquences d'un régime économique nouveau. La véritable cause du bas prix de la viande n'est autre que la sécheresse dont nous parlions au début de cet article. Si, dans leur course errante, quelques mondes en poussière ont cessé subitement de nous cacher notre soleil et de nous ravir un peu de sa chaleur, ils sont en définitive, la véritable cause des phénomènes dont nous venons de parler. Et voilà comment le mouvement des astres peut exercer, mieux que la liberté des échanges, une influence décisive sur le prix d'un bifteck terrestre.

BIBLIOGRAPHIE

On pourra lire pour compléter utilement nos très courtes indications relatives à la physiologie végétale :

Traité de Chimie agricole, par P.-P. Dehérain, membre de l'Institut, professeur à l'Ecole de Grignon. 1 vol. in-8°. Paris, Masson.

La collection des « Annales agronomiques », dirigées par M. Dehérain. Paris, Masson, éditeur.

Les données statistiques relatives aux opérations du marché de la Villette à Paris, sont résumées chaque année dans les ouvrages suivants :

Bulletin du ministère de l'agriculture. Paris, Imprimerie Nationale.

Rapports annuels sur les services municipaux de l'approvisionnement de Paris. 1 vol. in-8°. Paris, Imprimerie municipale.

VIII

Le Congrès viticole de Montpellier. — Son importance. — La lutte contre le phylloxéra. — La reconstitution du vignoble de l'Hérault. — L'adaptation des porte-greffes américains. — Rapport de M. Ravaz. — Les engrais de la vigne. — Rapport de M. Lagatu. — Les levures pures. — Travaux de M. Kayser. — Vœux économiques émis par le Congrès.

Le Congrès viticole de Montpellier qui vient de tenir ses assises du 13 au 15 juin 1893 nous paraît avoir une importance exceptionnelle dans l'histoire de l'agriculture méridionale. Après quinze années de luttes, de souffrances et d'essais, on peut dire, aujourd'hui, que la reconstitution des magnifiques vignobles du Midi n'est plus qu'une question de temps. Le plus terrible des ennemis, un adversaire invisible pour les vignerons, le phylloxéra, puisqu'il faut l'appeler par son nom, a détruit presque toutes les vieilles vignes de ces départements du Languedoc qui produisent à eux seuls le tiers du vin de France.

La plantation dans les sables, l'emploi des insecticides, tels que les sulfo-carbonates alcalins, et le sulfure de carbone, l'usage de la submersion dans les conditions où cette méthode de combat est possible, et, enfin, le greffage des variétés françaises sur les plants américains, ont permis de regagner peu à peu le terrain perdu, et d'assurer la victoire au cultivateur laborieux qui n'a pas perdu courage. — Dans un discours applaudi, comme on sait applaudir dans ce beau pays, M. Gaston Bazile, l'ancien sénateur de l'Hérault, disait il y a quelques jours : « Notre ennemi est vaincu ; le phylloxéra n'est pas mort, mais nous savons triompher de ses attaques. A Narbonne, dans une exposition qui eut lieu il y a quelques années, les bouteilles de vins présentés au jury portaient inscrites sur leurs étiquettes cette mention funèbre : *Morituri te salutant !* Aujourd'hui, plus d'inquiétude ; grâce aux vignes américaines, la victoire est certaine. Mieux qu'un arc de triomphe, ou qu'une colonne monumentale, les magnifiques celliers que nous voyons, semblent crier : Victoire ! » Il suffit de parcourir les plaines de l'Hérault, comme nous l'avons fait tant de fois, ou de prendre part aux excursions semblables à celles que vient d'organiser le très distingué président de la Société d'agriculture, M. Jamme, pour constater que la bataille est, en effet, gagnée. Voici, d'ailleurs, les chiffres que nous empruntons à la statistique dressée par la Société centrale d'agriculture du département de l'Hérault :

Dates.	Surfaces plantées en vignes.	Production.
—	—	—
1873	226.000 hectares.	13.400.000 hectol.
1880	95.000 —	5.000.000 —
1881	60.000 —	3.500.000 —
1882	47.000 —	3.100.000 —
1892	167.000 —	7.000.000 —

Ainsi, en 1882, près des quatre cinquièmes du vignoble de l'Hérault avaient été détruits par le phylloxéra, et la production était tombée de 13,400,000 hectolitres à 3,100,000.

En 1892, l'étendue, reconstituée ou conservée, atteint, en bloc, 167,000 hectares, au lieu de 47,000 en 1882, et la production a passé de 3,100,000 à plus de 7 millions d'hectolitres. Voici, d'ailleurs, comment est divisée la surface plantée en vignes, et quelle étendue reste à mettre en valeur de cette façon :

	Hectares.
Vignobles replantés en cépages américains greffés avec des cépages français.	154.500
Vignobles plantés dans les sables	3.180
Vignobles soumis à la submersion	5.551
Total des vignobles reconstitués.	163.231
Vignes anciennes (évaluation)	10.005
Surface à planter pour atteindre celle qu'occupait l'ancien vignoble.	47.000

La seule inspection de ce tableau suffit à montrer la variété des méthodes employées, et, en particulier, l'importance toute spéciale des cépages américains adoptés comme porte-greffes. C'est avec raison que M. G. Bazile appréciait les avantages de leur usage, en disant : « Grâce à eux, plus d'inquiétude! » Beaucoup de viticulteurs des régions du centre, de l'est, ou de l'ouest de la France n'ont pas encore franchi, cependant, la période des tâtonnements et des essais; ils pourraient trouver ces conclusions trop optimistes. Le Congrès de Montpellier aura permis, toutefois, de recueillir beaucoup d'informations précieuses puisées aux meilleures sources.

Pendant trois jours, le Congrès a, en effet, discuté, approuvé ou modifié, les conclusions qui lui étaient présentées au sujet de la reconstitution des vignobles en général, et de l'adaptation des cépages américains en particulier. Cette dernière question est une des plus délicates et des plus difficiles. La variété de composition des terres, la nature du sous-sol, et, surtout, la présence d'une quantité plus ou moins grande de calcaire, rendent l'adaptation fort difficile, dans plusieurs régions. Nous ne pouvons mieux faire, à ce propos, que de reproduire le résumé des recherches de M. Ravaz qui a étudié sur place, pendant de longues années, la question du choix des porte-greffes américains. Parmi beaucoup de sujets intéressants, c'est, à notre avis, celui-là qu'il convient d'étudier tout d'abord, avec beaucoup de soin. La lutte contre la chlorose est liée à l'adaptation, et ces deux questions sont traitées succinctement dans le passage suivant :

ADAPTATION ET CHLOROSE

Au point de vue de l'adaptation de la vigne, les terres peuvent être divisées en deux catégories :

A. Celles où les vignes américaines, quelles qu'elles

soient, greffées ou non, ne jaunissent jamais : ce sont les terres peu ou pas calcaires.

B. Celles où les vignes américaines jaunissent : ce sont les terres calcaires.

A. *Terres peu ou pas calcaires.*

Ici, le développement de la vigne dépend de la seule influence de la compacité, de la durée, de l'humidité et de la fertilité du sol (le climat sur lequel on ne peut rien étant excepté).

1° Dans les terres siliceuses à grains fins, ou silico-argileuses compactes, se durcissant beaucoup après la pluie, ou humides, ce sont les cépages à puissant système radiculaire qui se développent le mieux : V. Cinerea, Vinifera, Labrusca, Candicans, Æstivalis, Cordifolia; les vignes issues du croisement de ces espèces : l'Herbemont, Jacquez, Vialla, Noah, Elvira, Oporto, Othello, le Clinton, le York-Madeira, le Solonis; puis le Rupestris et le Riparia.

Ces terrains peuvent être modifiés par des défoncements, par les drainages, par les apports de chaux, de marne, par des engrais organiques, etc.

2° Dans les terres argilo-siliceuses, meubles, faciles à cultiver en tout temps, fertiles, tous les cépages précédents viennent bien; le Riparia et le Rupestris y atteignent aussi leur plus grand développement.

3° Dans les terres caillouteuses, graveleuses, les Rupestris et les hybrides Vinifera-Rupestris, Æstivalis-Rupestris, Cordifolia-Rupestris, croissent fort bien.

B. *Terres calcaires.*

1° Dans ces terres, les vignes américaines surtout, quand elles sont greffées se chlorosent.

2° La chlorose est déterminée dans la grande généralité des cas, par le carbonate de chaux contenu surtout dans le sol et aussi dans le sous-sol. L'analyse chimique ne donne cependant pas toujours la mesure de l'action de ce corps de la vigne. Des terres contenant la même dose de calcaire dans la terre fine ne font pas également jaunir la même vigne.

L'action du carbonate de chaux dépend de sa répartition par rapport à celle de chacun des éléments constitutifs du terrain, de sa ténuité et de sa friabilité, de l'humidité et de la quantité d'acide carbonique contenu dans le sol, de la proportion de carbonate de chaux dissous mis à la disposition de la plante.

3° Le carbonate de chaux diminue l'acidité du suc cellulaire.

4° La chlorose est très atténuée par les sulfates de fer employés soit en cristaux, à la dose de 4,000 à 8,000 kilog. par hectare mis au pied du cep, soit, ce qui vaut mieux, en dissolution à la dose de 500 gr. à 1 kilog. par pied de vigne dissous dans la plus grande quantité d'eau possible (au moins 15 litres), soit, ce qui est encore préférable, en aspersion sur les feuilles à la dose de 0,5 à 1 0/0, d'après M. Narbonne, en badigeonnant avant le débourrement. La bouillie noire et les tartrates, acétates, malates, tannates, saccharates de fer, etc., agissent de même, ainsi que l'oxyde ferrique.

4° Comme moyens préventifs, on peut recommander de ne pas mélanger le sous-sol au sol quand le sous-sol est calcaire; de donner des labours d'été très superficiels, à la houe à cheval plutôt qu'à la charrue; de faire les drainages nécessaires.

5° Toutes les vignes ne sont pas également sensibles à la chlorose. Le V. Vinifera est la vigne qui la craint le moins, puis le V. Berlandieri qui supporte, sans jaunir, une très haute dose de calcaire; les hybrides de ces deux cépages, — peut-être le Vitis Monticola, — les hybrides de Riparia et de Rupertris avec le V. Vinifera, le Jacquez, le Taylor, le Novo-Mexicana, les Riparia-Rupestris, les Riparia, le Vitis Rupestris.

Craignent beaucoup la chlorose : les V. Æstivalis, Labrusca, Candicans, et, bien entendu, les hybrides qui dérivent de ces espèces : Vialla, Naoh, Elvira, Clinton, Triumph, Rupestris-Cordifolia, etc.

Le résumé qu'on vient de lire renferme une série de conclusions scientifiques et de conseils pratiques, que le Congrès de Montpellier vient d'approuver. Il présente donc un intérêt considérable.

La productivité des vignobles du Midi est très considérable. Il n'est pas rare de rencontrer dans l'Hérault, dans l'Aude, ou dans le Gard, des vignes en pleine production donnant des récoltes de 100 hectolitres à l'hectare. Sur certaines terres privilégiées, ce chiffre est dépassé, et quelques domaines renferment des pièces dont le rendement atteint la quantité énorme de 300 hectolitres. Il est, en tous cas, certain que la vigne doit emprunter au sol une grande masse de matériaux, et que l'exportation continue du vin, des marcs, des rameaux, etc., etc., doit être compensée par l'incorporation au sol d'engrais appropriés aux exigences de la plante, et proportionnés aux récoltes qu'elle fournit. Dans une région où l'étendue réservée aux cultures fourragères est très faible et la production du fumier insuffisante ou coûteuse, la question des fumiers reste difficile à résoudre. L'élevage et l'engraissement des moutons et des porcs permettent déjà d'obtenir une certaine quantité de fumier. Quelques agriculteurs avisés se livrent également à des opérations d'engraissement et achètent dans la Lozère ou l'Aveyron, des vaches maigres qu'ils nourrissent avec des aliments tels que les maïs, les tourteaux, les fourrages produits sur des terres irriguées, etc. Malheureusement, ces méthodes, parfois excellentes, ne peuvent pas être adoptées dans toutes les circonstances et dans toutes les conditions culturales. Il faut donc, aujourd'hui surtout, avoir recours aux engrais industriels. Ceux-ci ont été déjà employés avantageusement. Des expériences précises et nombreuses ont été faites pour déterminer les conditions de leur emploi, et le résultat de ces recherches vient d'être exposé au Congrès de Montpellier par M. Lagatu, professeur à l'Ecole d'Agriculture. Nous ne pouvons mieux faire que de rappeler les conclusions de son travail. M. Lagatu est l'auteur de très intéressants travaux relatifs à la composition des terres de l'Hérault, et nous avons déjà signalé, ici même, le mérite de ses recherches. Il était donc tout particulièrement qualifié pour prendre la parole en l'absence de M. Müntz, l'éminent professeur de l'Institut agronomique, qui a déjà traité cette question avec autorité.

Voici les conclusions du rapport de M. Lagatu :

EXIGENCES DE LA VIGNE EN ÉLÉMENTS FERTILISANTS

1. Les éléments fertilisants par excellence, ceux sur lesquels la pratique agricole doit s'appuyer, sont : l'azote, l'acide phosphorique et la potasse. La plante a besoin d'autres éléments, mais qui existent généralement en abondance dans le sol et dont il n'y a lieu de se préoccuper que dans des cas exceptionnels, puisque, ordinairement, la nature les fournit gratuitement.

2. En vue de déterminer la quantité d'azote, d'acide phosphorique et de potasse exigée chaque année par la vigne, M. Müntz a étudié la composition du vin, du marc, des feuilles, des sarments et des lies dans les vignobles du Bordelais, du Roussillon, de l'Hérault et de la Cham-

pagne. Connaissant la quantité de ces différents produits récoltés par hectare, il a pu indiquer la proportion des matières fertilisantes annuellement enlevées au sol par la vigne. Il s'est astreint à l'étude des vignobles entiers, dans la persuasion que des constatations faites sur des parcelles, fussent-elles d'une certaine étendue, ne sauraient donner les résultats moyens qu'il faut chercher à obtenir lorsqu'il s'agit de fournir à la pratique agricole des données positives.

3. Pour la *région du Midi*, la production moyenne des vignobles choisis comme type varie de 75 hectolitres à 190 hectolitres par hectare.

Le prélèvement	total	d'azote varie de. . .	74 à 37	kilogr.
—	—	d'acide phosphor. .	17 à 10	—
—	—	de potasse	71 à 28	—
—	—	de chaux.	135 à 50	—
—	—	de magnésie	10 à 4	—

4. L'examen des tableaux de détails montre, d'une façon frappante, la concentration des éléments fertilisants dans les feuilles, qui doivent être considérées comme les producteurs réels du vin.

5. Les petites quantités d'azote, d'acide phosphorique et de potasse que renferme le vin sont pour ainsi dire négligeables lorsqu'on les compare à l'ensemble des éléments fertilisants exigés par le développement de la vigne. Si les feuilles, les sarments, les marcs et les lies faisaient intégralement retour au sol, celui-ci ne serait donc que faiblement appauvri par la production du vin.

6. Les quantités de matières fertilisantes ainsi déterminées ne peuvent pas servir de mesure rigoureuse à la

fumure, qui doit toujours être notablement plus abondante, car tous les éléments que nous donnons à le terre ne sont pas absorbés par la plante; mais elles doivent servir de guide pour ces fumures.

7. Nous voyons que, parmi les principes fertilisants essentiels, c'est l'azote qui tient le premier rang. Les formules d'engrais sans azote, préconisées dans ces dernières années, doivent être rejetées absolument comme ne tenant aucun compte des besoins de la vigne.

8. Quand à l'acide phosphorique, la vigne en demande moins que les autres cultures.

9. La potasse, au contraire, entre pour une grosse part dans la nutrition de la plante. Le vin lui-même, qui renferme si peu d'azote et d'acide phosphorique, enlève une quantité non négligeable de potasse, qui s'y trouve principalement à l'état de bitartrate. Mais, par contre, la richesse assez commune des sols en potasse permet souvent d'accorder une importance assez faible à l'engrais potassique.

10. Ces conclusions sont confirmées pleinement par l'examen des résultats obtenus pour le Roussillon, pour le Sud-Ouest et pour la Champagne.

Pour faire suite à ces indications utiles, il est bon de noter les conseils et les conclusions suivantes qu'a fait adopter le rapporteur particulier de la commission des engrais, M. Pastre.

Conditions économiques de l'emploi des engrais.

La vigne doit être fumée. Les conditions économiques actuelles semblent exiger non seulement la restitution au sol des éléments enlevés par la végétation, mais l'apport d'un excès d'éléments fertilisants. La fumure intensive est praticable dans les terres peu fertiles comme dans les vignobles à grands rendements. — Elle doit être graduée et progressive.

Dans les terrains riches en humus et à nitrification très puissante, l'azote peut être supprimé pendant plusieurs années; mais cette suppression est subordonnée à un état exubérant de végétation et doit être faite avec prudence. La fumure intensive n'altère pas la qualité du vin : mais ce principe ne doit pas être étendu aux vins fins ou classés.

La généralisation de la fumure progressive entraîne les conséquences suivantes :

L'analyse de tous les engrais employés;

La création, dans chaque centre viticole, d'une station agronomique, soit par l'initiative privée syndicale, soit par l'initiative du Gouvernement.

Il a été souvent question, depuis quelques années, de l'emploi des levures pures, sélectionnées pour la fabrication du vin. On connaît, à propos de la fermentation, les admirables travaux de M. Pasteur. On s'est attaché à isoler les levures qui déterminent dans les meilleures conditions la fermentation de la vendange, et l'on a cru qu'il était possible, non seulement d'obtenir une transformation plus rapide, plus régulière et plus complète des moûts sucrés en vin, mais encore, de donner à ce dernier un « bouquet » spécial en utilisant, à cet effet, des levures de choix comme celles du Bordelais ou de la Bourgogne.

Les expériences exécutées jusqu'à ce jour n'ont pas permis de se prononcer avec assurance sur tous ces points. L'amélioration du goût des vins par l'emploi des levures sélectionnées n'est pas nettement démontrée. Il ne s'agit pas ici, comme on doit le comprendre, de simples recherches scientifiques. La stérilisation des moûts de vendanges présente de telles difficultés que celles-ci équivalent, en fait, à une impossibilité dans la pratique courante. Les levures pures employées doivent donc être mélangées aux ferments différents dont l'action s'exercera concurremment. Malgré ces conditions spéciales, est-il possible de retirer un avantage de leur emploi? Quelques propriétaires ou viticulteurs répondent oui, sans hésitation, et plusieurs nous ont assuré que l'amélioration des vins ainsi fabriqués, au point de vue du goût et de la limpidité, correspondait à une plus-value appréciable. Des essais ont été tentés, ailleurs, sans succès.

Cette question a été traitée au Congrès de Montpellier avec beaucoup de tact, de mesure et de compétence par M. Kayser, chef du laboratoire de microbiologie de l'Institut agronomique.

Les conclusions de son rapport méritent d'être citées. Il est certain que, dans sa pensée, la viticulture devra tenir compte d'ici peu des découvertes et des méthodes nouvelles concernant l'action des levures pures et leur emploi usuel.

FERMENTS ET FERMENTATIONS

L'emploi des levures sélectionnées dans les cuves de vendange est à conseiller.

Il assure une fermentation rapide, régulière et normale; il peut donner lieu à un changement de goût et à une amélioration du bouquet.

Il y a lieu de tenir compte, un peu plus qu'on ne l'a fait jusqu'à présent, des qualités du moût, chaque levure ayant ses exigences propres et spéciales.

Il y a lieu de n'employer que des levures parfaitement connues.

Les levures indigènes donneront probablement

souvent de meilleurs résultats que les levures tirées de lies d'autres régions ; *leur étude reste à faire.*

Nous soulignons avec intention ces derniers mots. La sélection des levures locales déjà acclimatées, et pouvant se développer dans un moût d'une acidité déterminée, présente, en effet, des avantages considérables.

On voit que M. Kayser se montre très réservé au sujet de l'influence qu'exercent les levures sur le goût ou le bouquet des vins. Au cours de la discussion il a, cependant, cité des exemples bien curieux de cette action. Il s'agit d'expériences de laboratoire exécutées à Paris avec de l'eau sucrée dont la fermentation avait été déterminée par de la levure de *champagne*, et par celle que l'on avait recueillie dans le produit de la fermentation des *ananas*. Dans le premier cas, la liqueur obtenue avait un goût et un bouquet qui rappelaient ceux des bons vins de Champagne, et, dans le second, l'eau sucrée, transmuée en liquide alcoolique, répandait une odeur caractéristique d'ananas.

Pour terminer ce compte rendu des principaux travaux du Congrès de Montpellier, il nous reste à parler des questions économiques qui ont été agitées dans une séance spéciale.

Personne n'ignore que les viticulteurs du Midi sont devenus protectionnistes. Les droits récemment votés sur les vins étrangers ne leur paraissent pas une garantie suffisante. Les raisins secs donnent lieu à la production d'une quantité de vins à bon marché dont la concurrence leur paraît redoutable. Ils demandent, en conséquence, sinon leur prohibition absolue, tout au moins l'élévation des droits actuels portés de 15 fr. à 50 fr. les 100 kilogr.

Voici quelles sont, en outre, les principales résolutions votées dans le but de compléter cette prohibition :

Suppression complète de tous les droits perçus par l'État sur les boissons hygiéniques.

Suppression des droits d'octroi afférents aux denrées alimentaires.

Suppression ou réglementation sévère du privilège des bouilleurs de cru.

Application rigoureuse des mesures prises

contre les vins artificiels, et distinction faite par la loi et l'administration entre les vins fabriqués et les vins naturels, c'est-à-dire les vins produits uniquement par la fermentation du raisin frais. Interdiction de toute alcoolisation des vins par le sucrage ou le vinage à prix réduits.

Nous ne pouvons ni étudier ni apprécier aujourd'hui ces résolutions nombreuses. Elles ont une portée et une valeur qui seront très diversement jugées. La réforme de l'impôt des boissons et le dégrèvement des boissons hygiéniques, aussi bien que la diminution des droits d'octroi, nous paraissent évidemment désirables. Tout en reconnaissant qu'il importe de limiter et de poursuivre la fraude sous toutes ses formes, il nous paraît excessif de chercher à prohiber l'entrée des raisins secs. Nous n'insisterons que sur un point. Le Congrès a renoncé lui-même à demander le relèvement des droits de douane sur les vins étrangers. Mais, « il faut prévoir, a dit un orateur, une augmentation des tarifs si l'élévation des prix venait à provoquer des importations plus considérables ».

On ne saurait avouer avec plus de franchise

que les droits actuels ont pour but de maintenir les cours à un niveau élevé. Pendant que la France prend des mesures de ce genre, l'Italie et l'Espagne nous font à l'étranger une concurrence très active, et s'emparent des marchés où leurs vins remplacent les nôtres.

La reconstitution de nos vignobles sera d'ici quelques années fort avancée, et il deviendra nécessaire de recourir à l'exportation pour assurer la vente de leurs produits. A ce moment, ne regrettera-t-on pas d'avoir sacrifié l'avenir au présent? Nous souhaitons qu'il n'en soit pas ainsi, mais il nous est impossible de ne pas le redouter. Un jour viendra ou les viticulteurs du Midi redeviendront partisans de la liberté commerciale et en rechercheront les avantages. Puissent-ils, ce jour-là, ne par trouver la place prise par les rivaux auxquels notre politique économique laisse la voie libre, et assure tant de succès !

BIBLIOGRAPHIE

Consulter, à propos de la question du phylloxéra :

Comptes rendus des travaux du service du phylloxéra.

Cette série de volumes est publiée par le ministère de l'agriculture.

Les vignobles et les vins de France et de l'étranger, par M. Mouillefert, professeur à l'Ecole de Grignon. 1 vol. in-8°. Paris, librairie agricole de la Maison rustique.

A propos de la culture de la vigne, de ses maladies, et de la question de la reconstitution de nos vignobles, lire :

Cours complet de viticulture, par M. G. Foex, directeur de l'école nationale d'agriculture de Montpellier. 1 vol. in-8°. Montpellier, Coulet, éditeur.

Annales agronomiques, dirigées par P.-P. Dehérain. (Numéro de février 1894.)

Les Levures sélectionnées dans la fabrication du vin, par F. Berthault, professeur à l'Ecole de Grignon.

IX

La disette de fourrages, — Son influence sur le prix du bétail et de la viande. — Les variations des cours sur le marché de la Villette. — Les importations et les exportations de bétail. — Les cultures dérobées d'automne. — L'ensilage des fourrages verts. — Emploi des résidus industriels. — Les drèches d'absinthe. — Les tourteaux.

La sécheresse persistante et l'élévation de la température exercent, en ce moment (1), une déplorable influence sur les cultures fourragères. La récolte des foins a été médiocre ou mauvaise partout où l'irrigation n'est pas pratiquée d'une façon habituelle. — Cette situation anormale et douloureuse devient particulièrement grave par suite de la nécessité où se trouvent les agriculteurs de vendre une grande partie du bétail qu'ils ne peuvent déjà plus nourrir, ou dont ils voudraient se défaire avant d'avoir épuisé leurs dernières réserves d'aliments. Dans une précédente étude (2), nous avons déjà signalé la corrélation, si

(1) Juillet 1893.
(2) Voir la VIIe étude de ce volume, p. 100.

frappante, qui existe entre l'abondance ou la rareté des fourrages et le prix du bétail. Quand le cours des foins s'élève, celui du bétail et de la viande tend à s'abaisser; et, lorsque le prix des fourrages diminue, la valeur du bétail augmente, presque toujours simultanément. Rien de plus instructif et de plus probant à cet égard que les deux lignes suivantes :

	Prix du kilogr. de viande nette de 1re qualité à la Villette.		Prix de la tonne de foin à Paris.
	Bœuf.	Mouton.	
	fr. c.	fr. c.	francs
2e semestre 1891.	1.61	2.07	106
2e — 1892.	1.51	1.88	160

Il est visible que les prix élevés de la viande de bœuf ou de mouton coïncident avec un abaissement marqué du cours des fourrages, en 1891. L'année suivante, pendant les mêmes mois, l'élévation déjà considérable de la valeur des foins a eu pour conséquence une diminution très sensible du prix de la viande sur le marché de la Villette, à Paris. Depuis le 1er janvier 1893 jusqu'à la fin d'avril, la situation n'a pas changé. On pouvait encore espérer que la récolte de nos prairies serait suffisante et qu'elle permettrait au cultivateur d'assurer l'alimentation du bétail. La sécheresse persistante du mois de mai avait déjà fait concevoir les craintes les plus sérieuses ; il était certain que les premières coupes de fourrages seraient fort médiocres. En juin, toutes ces craintes se trouvent justifiées ; la récolte de nos prairies est, en général, mauvaise, et même presque nulle sur beaucoup de points ; le prix du foin augmente dans des proportions inouïes ; les agriculteurs essayent de se défaire des animaux qui peuplent leurs étables ; les marchés sont encombrés, et le cours de la viande s'abaisse avec rapidité. En voici la preuve :

	Prix du kilogr. de viande nette de 1re qualité à la Villette.		Prix de la tonne de foin à Paris.
	Bœuf.	Mouton.	
	fr. c.	fr. c.	francs
2e semestre 1892. .	1.51	1.88	160
Janvier 1893	1.53	1.92	166
Février	1.54	1.92	166
Mars.	1.53	1.97	160
Avril	1.33	1.97	156
Mai	1.43	1.91	194
Juin.	1.42	1.84	200

L'encombrement du marché est, du reste, nettement accusé par les chiffres officiels qui se rapportent aux « arrivages » sur le marché de la Villette. L'augmentation du nombre des animaux envoyés par les agriculteurs est très sensible pendant les mois de mai et juin. Il est intéressant de comparer, à ce point de vue, les opérations du marché de la Villette pendant une année de bonne récolte fourragère comme 1891, et durant la période que nous traversons en ce moment :

	Animaux amenés sur le marché de la Villette. — 1891		Nombre de têtes par marché. — 1893	
	Bœufs. —	Moutons. —	Bœufs. —	Moutons. —
Janvier	2,648	9,021	2,385	14,460
Février	2,419	10,536	2,454	15,258
Mars	2,643	11,689	2,188	15,273
Avril	2,761	12,106	2,384	13,300
Mai	2,467	10,233	2,560	17,600
Juin	2,532	12,926	3,443	18,900

L'augmentation du nombre des moutons amenés sur le marché de la Villette en 1893, par rapport aux arrivages de 1891, est immédiatement visible. La diminution des importations de viandes fraîches sous l'influence des nouveaux tarifs douaniers ne saurait expliquer de pareils écarts par marché. Ils sont dus à la rareté des fourrages qui oblige les agriculteurs à vendre leurs troupeaux.

En ce qui concerne les bœufs, les chiffres du tableau précédent paraissent être en contradiction avec nos conclusions. Le nombre des arrivages, pour 1893, est en, effet, inférieur à celui que l'on constate en 1891. La douloureuse période que nous traversons est malheureusement marquée par un phénomène nouveau qui nous semble constituer à lui seul un danger. Il est vrai que le nombre des bœufs envoyés à la Villette en 1893 ne dépasse pas la moyenne habituelle, mais en revanche, celui des *vaches* amenées au marché s'est accru avec une inquiétante rapidité.

Voici les chiffres qui nous révèlent une situation alarmante dans nos campagnes :

	Nombre de vaches amenées à la Villette.	
	1891	1893
	—	—
	Têtes	Têtes
Janvier.	662	960
Février.	870	1,052
Mars	710	1,040
Avril.	620	820
Mai.	590	1,036
Juin	627	1,400

Il suffit de jeter un coup d'œil sur les deux colonnes de ce tableau pour voir les différences si sensibles qui caractérisent, à ce point de vue, les années 1891 et 1893. En résumé, le nombre des animaux de l'espèce bovine (bœufs et vaches) amenés à la Villette pendant les six premiers mois des années 1891 et 1893, a été le suivant pour chacun des marchés :

	Bœufs et vaches amenés à la Villette par marché.	
	1891	1893
	—	—
Janvier	3,310	3,345
Février.	3,289	3,506
Mars.	3,353	3,228
Avril.	3,381	3,204
Mai	3,057	3,696
Juin	3,159	4,813

On voit qu'au mois de juin dernier le nombre des animaux amenés dépassait de 1,700 unités celui que l'on peut relever en 1891. Cet écart explique à lui seul la baisse des prix. L'augmentation si considérable du nombre des vaches vendues par les agriculteurs doit provoquer, en outre, certaines appréhensions. C'est, évidemment, l'avenir qui se trouve menacé. Dans quelques mois, les étables peuvent être, non pas dépeuplées, mais privées, à tout le moins, des animaux qui doivent servir à reconstituer les troupeaux en partie sacrifiés. Dans de pareilles conditions, on peut penser que nos populations des campagnes auront à subir des pertes cruelles, et à traverser une période de crise douloureuse.

Il est intéressant de rechercher quelle a pu être l'influence exercée par la diminution du prix de la viande sur nos importations de bétail. Quand on étudie avec soin cette question, sans aucune arrière-pensée d'ordre économique, on s'aperçoit qu'en général nos importations diminuent lorsque les cours fléchissent en France, et qu'elles augmentent, au contraire, quand le prix de la viande et du bétail subit une hausse. Cette observation se trouve confirmée par l'examen des chiffres qui se rapportent au commerce extérieur, durant les cinq premiers mois des années 1893, 1892 et 1891. Malgré la diminution considérable de nos achats de viandes fraîches à partir de l'application du nouveau tarif des douanes, les importations de bétail ont été plus faibles en 1893 que durant les deux années précédentes. En voici la preuve :

	Importations (commerce spécial) 5 premiers mois.		
	1893	1892	1891
	—	—	—
	Têtes	Têtes	Têtes
Espèce bovine	3,031	12,889	10,066
— ovine	386,000	404,000	164,000

La baisse des prix en France a fort probablement déterminé une augmentation de nos exportations. Durant les cinq premiers mois de 1893, nous avons envoyé à l'étranger un nombre de vaches, de bouvillons, de génisses et de veaux presque *double* de celui que nous voyons figurer dans les statistiques douanières des années 1892 et 1891. L'Allemagne, en particulier, a profité dans une large mesure des avantages qu'offrait la diminution des cours sur nos marchés. Ses achats ont doublé par rapport à ceux qu'elle avait effectués en 1892. On voit avec quelle puissance peuvent agir les fluctuations des prix sur les échanges internationaux relatifs aux produits agricoles. Les modifications apportées aux tarifs de douane n'ont exercé jusqu'à ce jour qu'une action insignifiante sur le commerce du bétail vivant, parce que des phénomènes économiques d'une portée plus générale et d'une puissance singulièrement plus étendue en ont suspendu les effets.

Pour diminuer les pertes que subissent nos agriculteurs par suite de la diminution du prix du bétail, et pour remédier à la disette des fourrages qui en est la cause, diverses mesures ont été déjà prises. La dépaissance dans les forêts de l'État vient d'être autorisée; des réductions de tarifs seront accordées pour faciliter le transport des fourrages; des instructions qu'inspire le désir le plus sincère d'éclairer nos agriculteurs ont été envoyées par le ministère de l'agriculture aux professeurs départementaux. Ces conseils sont fort bons, et nous ne doutons pas du zèle que déploieront, en cette occasion, les professeurs d'agriculture. Il importe, toutefois, que les hommes éclairés et, en particulier, les propriétaires fonciers, veuillent bien s'occuper des questions qui les intéressent, après tout, si vivement, et deviennent les promoteurs dévoués des progrès à introduire dans l'utilisation des terres en vue de la nourriture du bétail. Des plantes comme le maïs, le moha de Hongrie, le sarrasin, la vesce et la moutarde blanche, peuvent être semées dès à présent ou immédiatement après la première récolte de céréales. Elles assureront en septembre ou octobre des ressources infiniment précieuses qui permettront de mettre en réserve pour l'hiver les dernières coupes de prairies, les racines ou les autres aliments destinés au bétail.

L'*ensilage* servira, au besoin, à conserver les fourrages verts provenant des récoltes dérobées dont nous venons de parler à propos du maïs, de la moutarde, du moha, etc.

On sait en quoi consiste cette méthode relativement nouvelle qui donne d'excellents résultats quand elle est appliquée avec soin et intelligence.

Les fourrages frais, *mais non humides*, sont entassés, soit dans des excavations maçonnées et inclinées pour permettre l'écoulement de l'eau qui sort de la masse, soit simplement au-dessus du sol sur une aire battue et également inclinée. Dans les deux cas, il est indispensable que le fourrage vert ensilé soit recouvert d'une couche de terre de $0^m,60$ à $0^m,80$ qui comprime la masse et la mette à l'abri de l'air. La coloration du fourrage ensilé et son odeur changent, le plus souvent, d'une façon sensible. Mais les animaux ne paraissent pas souffrir des transformations physiques et chimiques que subissent les aliments ainsi conservés. Pour obtenir un *ensilage doux*, il semble, d'après les remarquables travaux de M. G. Fry, qu'il soit nécessaire de laisser les fourrages pendant deux ou trois jours sans autre pression que celle qui résulte de leur accumulation. Au bout de ce temps, on *charge* les silos ; grâce à cette méthode, on obtient des aliments qui conservent une *odeur de foin*, et ne présentent pas de réaction acide.

Indépendamment des ressources que peuvent assurer les fourrages verts ensilés ou non, les feuilles d'arbre, dont nous avons parlé il y a peu de temps, et les feuilles de vigne utilisées depuis si longtemps dans le Midi après la vendange, il nous paraît utile de rappeler que l'industrie met à la disposition de l'agriculture des aliments excellents dont on ignore trop souvent et l'usage et les avantages. Nous voulons parler de ces *résidus* si variés, qui proviennent de la fabrication des huiles, de celle de la bière, de l'absinthe, etc., etc.

M. Cornevin, professeur à l'École vétérinaire de Lyon, vient de publier, à ce propos, dans les *Annales agronomiques* (1), une très intéressante étude sur l'utilisation des résidus provenant des fabriques d'absinthe.

La liqueur d'absinthe, connue sous le nom plus simple « d'absinthe », est le produit de la distillation de plusieurs graines; en réalité, la plante nommée « absinthe » ne figure que pour

(1) *Annales agronomiques*, publiées par M. Dehérain, de l'Académie des sciences, professeur à l'École de Grignon. Livraison de mai 1893.

un sixième dans la masse des matières premières employées. Voici quelle est, en effet, la composition des mélanges soumis à la macération alcoolique, puis à la distillation :

	Proportion.
Graines de fenouil	5/12
Graines d'anis	5/12
Tiges de grande absinthe avant floraison.	2/12

Pour colorer la liqueur on se sert des tiges de la petite absinthe et des rameaux feuillus de la mélisse et de l'hysope.

Les graines de fenouil et d'hysope forment donc la plus grande partie des résidus que l'on peut recueillir après la fabrication. On est autorisé à les appeler des *drèches* d'absinthe. « Nous connaissons, dit M. Cornevin, une fabrique qui, à elle seule, utilise chaque mois 62,000 kilogr. de graines et herbes, et qui, par conséquent, retire mensuellement de ses alambics 155,000 kilogr. de résidus, soit l'énorme quantité de 1,860,000 kilogr. par an. Si l'on réfléchit que les fabriques d'absinthe sont multipliées, qu'on en trouve à Pontarlier, à Lyon, à Albi, à Montpellier et ailleurs, on est forcé de reconnaître qu'elles laissent un volumineux stock de déchets. »

Ces déchets présentent, d'ailleurs, une composition chimique qui révèle leur richesse en matières azotées. Voici, en effet, le résultat d'une analyse exécutée par M. A.-Ch. Girard :

Eau	67.62 0/0
Matières azotées	5.79 —
Matières grasses	2.02 —
Extractifs non azotés	14.86 —
Cellulose	7.28 —
Matières minérales	2.43 —
	100.00 0/0

Avec quelques précautions les animaux domestiques sont amenés à consommer ces drèches qui présentent dès lors, pour nous, en ce moment, un véritable intérêt. Il suffit, paraît-il, de les mélanger avec du son, ou des drèches de brasserie pour que les chevaux et les bovidés consomment volontiers, *et sans danger*, ce nouvel aliment. — Les drèches d'absinthe, malgré leur odeur anisée bien caractéristique, ne communiquent pas ce goût au lait des vaches laitières. Il suffit, pour éviter tout ennui à cet égard, de prendre quelques précautions, c'est-à-dire de ne pas laisser séjourner ces aliments sous les animaux et de ne pas traire les vaches après avoir touché aux produits odorants. — On peut donner aux bœufs d'un poids vif de 700 kilogr. jusqu'à 70 kilogr. de drèches, et la moitié de cette ration aux vaches laitières. Les mélanges faits avec des fourrages, feuilles hachées, etc., sont d'ailleurs à recommander. Enfin, pour éviter l'altération très prompte des résidus d'absinthe, on peut employer la *dessiccation* ou l'*ensilage*. Voici ce que dit, à ce propos, M. Cornevin : « La dessiccation, qui pourrait être opérée par l'un des appareils usités aujourd'hui pour sécher les pulpes de sucrerie et les drèches de brasserie, laisse des résidus que nous avons vu accepter par tous les animaux de la ferme, avec moins d'avidité, cependant, que quand ils sortent de l'alambic, mais d'une façon suffisante pour assurer l'alimentation. Le mouton fait exception ; dans tous nos essais, il a mieux consommé les résidus desséchés que frais, circonstance heureuse, puisqu'on sait que les aliments aqueux ne lui conviennent pas.

« L'ensilage des drèches d'absinthe est un procédé plus simple et moins coûteux que le précédent; il laisse des résidus ayant subi peu de modifications physiques et ayant conservé leur arome, un peu mitigé, résidus que les bêtes bovines mangent aussi bien que les frais, et que les moutons appètent davantage. Mais l'expérience nous a appris que, pour réussir, il faut : 1° déposer les drèches toutes chaudes dans le silo; 2° enlever les brindilles et tiges qui empêchent le tassement complet et n'agir que sur les graines; 3° tasser aussi fortement que possible au moment de l'ensilage et continuer au fur et à mesure de l'affaissement; 4° empêcher l'accès de l'air en recouvrant au mieux le silo et en obturant toute fissure qui se produit.

« En se conformant à ces indications, on évite le goût d'aigre et l'envahissement par des moisissures, qui sont les deux écueils de l'ensilage des drèches d'absinthe. »

Assurément, nous n'avons pas la pensée de considérer l'utilisation des drèches d'absinthe comme une ressource qui pourra suffire aux besoins actuels de la culture. C'est aux résidus industriels, plus abondants, qu'il conviendrait de recourir.

Les tourteaux de graines oléagineuses constituent une ressource précieuse et encore mal connue. Citons notamment les tourteaux de coton et de sésame, qui peuvent, aujourd'hui encore, fournir à bas prix un élément de rations journalières. En mélangeant ces aliments au foin, aux fourrages verts, aux racines, au son, etc., on peut suppléer en partie à l'insuffisance des réserves actuelles, ou conserver celles-ci pour l'hiver.

Le maïs concassé, dont le prix ne s'est pas encore élevé trop rapidement, peut rendre également de grands services.

En résumé, il est possible, sinon facile, de demander à l'industrie des aliments qui permettront de conserver dans les fermes la plus grande partie du bétail indispensable à leur culture aussi bien qu'à la reconstitution des troupeaux. Les propriétaires qui mettraient, au besoin, à la disposition des fermiers, leur expérience commerciale et les capitaux indispensables pour acheter des aliments et conserver au domaine son cheptel de bétail, feraient non seulement une œuvre utile pour tous, mais encore profitable pour eux-mêmes. La hausse inévitable (1) qui se produira ultérieurement assurera, d'ailleurs, par la vente des animaux conservés, le remboursement de leurs avances. La ruine ou la gêne des fermiers ne pourrait, au contraire, que compromettre gravement les intérêts du propriétaire lui-même.

BIBLIOGRAPHIE

Pour compléter nos brèves indications relatives à l'*ensilage*, on pourra lire un article consacré à cette question dans le *Dictionnaire d'agriculture* de Barral, publié par Hachette.

Consulter, également, à propos de l'alimentation des animaux de ferme :

Traité de Zootechnie, par A. Sanson professeur à l'Ecole de Grignon (t. III, IV, V). Paris, Librairie agricole de la Maison rustique.

Des résidus industriels dans l'alimentation du bétail, par Ch. Cornevin, professeur à l'École vétérinaire de Lyon. 1 vol. Paris, Firmin-Didot.

(1) Cette prévision est confirmée par les faits observés aujourd'hui (juin 1894). Le cours de la viande est fort élevé depuis un mois.

X

La production du beurre. — Son importance considérable. — Nécessité de l'accroître et d'améliorer la qualité du beurre fabriqué. — La laiterie coopérative d'Oostcamp. — Utilisation du lait doux écrémé. — Les expériences du baron Peers. — Méthode de répartition des bénéfices à la laiterie d'Oostcamp. — Détermination de la richesse du lait en matière grasse. — Du choix des vaches laitières. — Expériences de M. Gay à Grignon.

La valeur des produits annuels de l'agriculture française représentés par le lait, le beurre et les fromages, atteint, d'après les statistiques officielles, plus d'un milliard de francs.

C'est dire toute l'importance de cette branche particulière de notre grande industrie rurale. Serait-il possible de multiplier ces produits, d'en améliorer la qualité, et d'accroître, en même temps, les profits qu'ils permettent aux cultivateurs de réaliser? Nous n'hésitons pas à l'admettre.

Trop souvent encore, l'alimentation des vaches laitières reste défectueuse, le choix des animaux n'est pas fait avec discernement, la fabrication du beurre ou des fromages n'atteint pas le degré de perfection désirable, et il suffit d'avoir parcouru nos campagnes pour être convaincu de cette infériorité, aussi bien que de l'utilité des progrès qui restent à accomplir. C'est la production du beurre que nous voudrions étudier aujourd'hui, en signalant les méthodes dont on s'est servi pour l'accroître. Nous aurons, en même temps, l'occasion d'indiquer comment on a pu en améliorer la qualité et la valeur marchande. Cette question est, en outre, intimement liée à la solution de quelques problèmes de zootechnie qui présentent pour l'agriculteur un très grand intérêt.

Dans une excursion entreprise au mois d'avril dernier par les élèves de l'École de Grignon, il nous a été possible de visiter aux environs de Bruges, à Oostcamp, une remarquable exploitation à laquelle se trouve annexée une laiterie coopérative qu'a fondée le baron Léon Peers, dont le nom est, en Belgique, aussi connu que très légitimement honoré. La fabrication du beurre est, à Oostcamp, tout particulièrement perfectionnée, et l'organisation de la laiterie coopérative dont nous venons de parler mérite une mention spéciale.

Dans cette région des Flandres, où la propriété et la culture sont très divisées, l'utilisation lucrative du lait présente une grande difficulté qu'explique le nombre très faible des vaches laitières nourries dans chacune des petites exploitations de cette région. Obligé de recueillir une quantité suffisante de crème pour pouvoir la transformer en beurre, le cultivateur est amené à laisser vieillir cette crème qui contracte un goût désagréable et le communique au beurre. La qualité de ce dernier se trouve ainsi altérée, et sa valeur dépréciée. Pour remédier à cet inconvénient, il est indispensable de grouper les producteurs, de recueillir chaque jour une grande quantité de lait, de le traiter rapidement par des écrémeuses centrifuges, et de fabriquer ainsi avec soin une grande quantité de beurre dont la fraîcheur et le goût ne laissent rien à désirer. C'est ce qu'a très bien compris le baron L. Peers, et, après avoir fait sa propre éducation en étudiant l'organisation des grandes laiteries danoises, il a eu l'excellente pensée de fonder dans sa propriété d'Oostcamp une laiterie coopérative permettant aux cultivateurs voisins l'utilisation rapide aussi bien que lucrative du lait de leurs vaches. En quelques mois les capitaux nécessaires furent réunis et fournis par les futurs sociétaires.

Voici le détail des premières dépenses, non compris les frais de construction de bâtiments qui représentent une valeur de 26,000 francs. Cette somme a été fournie par le baron Peers auquel est attribué un loyer calculé sur le pied de 5 0/0.

Forage du puits.	3,700	francs.
Chaudière et machine à vapeur.	6,500	—
2 écrémeuses	3,800	—
2 barattes danoises	1,000	—
1 malaxeur	500	—
3 réfrigérants	1,000	—
1 pasteuriseur.	900	—
400 bidons à lait.	6,000	—
Divers accessoires.	1 200	—
Pompes et distributions d'eau ou de vapeur	5,700	—
Total.	30,300	francs.

Tous les matins, le lait arrive à la laiterie pour y être traité. Dans chaque bidon, appartenant à un sociétaire, il est prélevé, tout d'abord, un échantillon dont nous indiquerons bientôt l'utilité. Les écrémeuses centrifuges séparent en quelques instants la crème du lait doux qui est rendu aux sociétaires. Quant au beurre, il est fabriqué dans des barattes mécaniques, délaité avec soin, et son goût nous a paru excellent. C'est à Londres que les sociétaires d'Oostcamp vendent, le plus souvent, les produits de leur fabrication.

Les résultats financiers de cette remarquable organisation sont dès aujourd'hui excellents. Grâce au système d'association laitière adopté par les cultivateurs, et à la bonne fabrication du beurre, le prix du litre de lait s'est accru de 3 à 4 centimes, *tous frais payés*, pour chaque associé. Cette plus-value est encore augmentée, en réalité, par les profits qui résultent de l'utilisation du lait doux écrémé que l'on fait consommer aux porcs ou aux veaux. Les bénéfices actuellement assurés aux sociétaires doivent s'accroître dans l'avenir, parce que l'amortissement du capital social vient en diminuer aujourd'hui l'importance.

Il est donc permis de prévoir que d'ici quelques années la plus-value par litre de lait apporté à la laiterie coopérative dépassera, pour toute l'année 5 ou 6 centimes par rapport à la valeur antérieurement réalisée. C'est là un produit additionnel qui n'est certes pas à dédaigner. Une vache laitière pouvant donner 2,500 litres de lait par an, l'augmentation dont nous parlons correspond par tête à un accroissement de recettes de 125 à 150 francs.

L'utilisation du lait doux écrémé par les jeunes animaux peut augmenter beaucoup les bénéfices du cultivateur. Elle présente donc, à notre avis, un très grand intérêt. Aujourd'hui, en effet, ce produit est généralement considéré comme sans valeur, et quelques échecs essuyés par les agriculteurs qui ont voulu l'employer pour l'alimentation des veaux et des porcs paraissent avoir jeté sur ce résidu industriel une défaveur marquée. Dans les laiteries françaises que nous connaissons, on le vend couramment 0 fr. 01 le litre, valeur insignifiante qu'il serait utile de dépasser pour pouvoir accroître, en définitive, les profits du cultivateur.

Le baron Léon Peers a fait à ce propos des expériences très intéressantes dont la portée économique peut être fort grande. Certes, cette question avait déjà été agitée, mais il nous paraît utile de citer les remarquables résultats obtenus à Oostcamp.

« Il est certain, dit le baron Peers, que le lait écrémé doux est la plus grande ressource de notre production laitière. Voici le résultat d'une de mes nouvelles expériences sur l'engraissement des veaux. Ce n'est pas celle qui a donné le plus de bénéfices, car, au moment où elle a pris fin (3e semaine de juillet), le veau avait subi une baisse de 15 centimes par kilogr. Mais c'est une de celles qui me plaisent le plus au point de vue du rationnement. Je ne crois pas devoir établir ici la ration par jour, cette donnée n'ayant rien d'absolu. La quantité de lait qui doit être fournie au sujet dépend de son poids initial, de son état, de sa croissance; c'est une question d'appréciation de l'éleveur ou de l'engraisseur qui doit surveiller son sujet, se faire la main, comme on dit. Engraisser et élever des veaux est un des multiples métiers qui composent dans leur ensemble la grande industrie agricole. Mais, si je n'indique pas, et pour cause, les rations journalières, j'appelle néanmoins l'attention des cultivateurs sur les différentes *périodes* de l'engraissement ; celles-ci montreront à peu près, et en moyenne, ce qu'aura été la ration de chaque jour.

« L'expérience en question a été faite sur un veau né le 23 avril 1892, pesant à sa naissance 34 kilogr. et valant, âgé de quelques jours, 24 francs.

« Au terme de son engraissement, il pesait 131 kilogr. Il fut vendu et livré le 19 juillet 1892 au prix de 144 francs à raison de 1 fr. 10 le kilogr., poids vivant. La durée de l'engreissement avait été de 88 jours et l'accroissement de poids de 97 kilogrammes, soit un accroissement moyen de 1,102 grammes par jour. Pendant la 1re période, du 23 au 29 avril, le jeune veau eut le colostrum et le premier lait de sa mère. Les 88 jours qu'a duré l'expérience comprennent quatre périodes au cours desquelles il reçut :

Date			Lait		
initiale.	finale.	Jours.	non écrémé.	écrémé.	Œufs crus.
—	—	—	—	—	—
23 avril.	29 avril.	7	»	»	»
30 —	21 —	22	46 k.	230 k.	»
22 mai.	28 juin.	38	125	456	30
29 juin.	19 juillet.	21	110	294	22
23 avril.	19 juillet.	88	281	980	52

« Il sera facile de déduire de ces données la ration type qui permettra d'utiliser le mieux possible le lait écrémé et de réaliser l'économie la plus grande de la matière grasse. L'addition d'œufs frais et de lait non écrémé produit les meilleurs résultats ; cet adjuvant est bien supérieur aux farines cuites et aux décoctions de graines de lin ; moyennant la précaution de forcer vers la fin de chaque période la dose de lait non écrémé, on obtient une chair dont la blancheur est irréprochable. Mais la composition de la ration de chaque jour, la proportion des éléments qui les constituent, n'en reste pas moins une question de métier. Il faut que l'engraisseur observe son sujet, l'étudie et le connaisse. Pour réussir en cette matière, il faut se donner de la peine et se garder de croire que tout ira tout seul. »

Ces conseils sont excellents et nous ne saurions trop recommander, à ceux qui répéteront de pareilles expériences, la patience et la persévérance. Les résultats financiers sont assez remarquables pour mériter qu'on les signale. Voici quels ont été les calculs du baron Peers :

« Pour calculer ce qu'a rapporté le kilogramme de lait écrémé, il faut évidemment déduire du produit de la vente, soit 144 francs :

	fr. c.
1° La valeur initiale du veau, une semaine après sa naissance	24 »
2° Les frais de vente et transport	2.50
3° La valeur des autres aliments :	
(*a*) 281 kilogr. de lait non écrémé à 16 cent. le k.	44.96
(*b*) 52 œufs à 7 centimes	3.64
Total à déduire	75.10
Valeur nette de 980 kilogr. de lait écrémé	68.90

Soit : 7.03 centimes le kilogr.

C'est là un résultat de tous points remarquable. Nous avons dit, en effet, que le lait doux écrémé était en général difficilement utilisé, et que, pour cette raison, on le vendait à un prix dérisoire. Il est intéressant de savoir que, en le faisant consommer dans de bonnes conditions par les jeunes veaux, on peut lui donner une valeur relativement considérable. Il serait bon, également, de faire quelques expériences de ce genre avec de jeunes porcelets. Les résultats financiers de ces essais présentent une grande importance.

En visitant la laiterie coopérative d'Oostcamp, nous avons pu étudier une méthode de répartition des bénéfices qu'il est utile de signaler avec soin. La production du beurre étant le but que se proposent les sociétaires, il est clair que les bénéfices obtenus doivent être équitablement partagés au prorata de la quantité de beurre fournie par chacun des cultivateurs. On se contente habituellement de noter le nombre de litres de lait apportés par chaque associé, *et l'on admet ainsi*, a priori, *que toutes les vaches, quelles que soient leur race, leur individualité et leur alimentation, donnent un lait également riche en beurre*. C'est là, toutefois, une hypothèse fort imprudente. En réalité, certains laits sont plus riches, alors que d'autres le sont moins; et, s'il se rencontre des sociétaires dont les vaches mieux choisies et mieux nourries fournissent, pour un poids égal de lait, plus de beurre que les animaux de leurs voisins, on voit que ces associés se trouvent frustrés, lors de la répartition des bénéfices, d'une part des profits qu'ils auraient dû réaliser. Pour éviter de pareilles erreurs, le baron Peers a eu recours au procédé ingénieux que nous allons décrire.

Aussitôt parvenu à la laiterie, le bidon renfermant le lait livré par un sociétaire est pesé; puis on prélève un échantillon de quelques centimètres cubes qui est versé dans un gobelet numéroté.

Lorsque toutes les livraisons ont été effectuées et tous les échantillons ainsi prélevés, un employé procède publiquement au dosage de la crème et du beurre contenus dans chaque fourniture, soit par unité de poids, soit par kilogramme. A cet effet, les différents échantillons sont pris dans les gobelets numérotés et versés dans des pipettes graduées numérotées également. Le lait doit atteindre un point d'affleurement bien visible. Toutes les pipettes sont ensuite disposées comme les rayons d'une roue sur un disque horizontal que l'on place dans une écrémeuse, et que l'on fait tourner à raison de 3,000 tours par minute. Au bout du temps convenable, la crème est montée à la surface du lait dans chaque pipette, et, en lisant sur la graduation, on note pour chacune d'elles le degré qui correspond sensiblement à la richesse en crème du lait des différents échantillons prélevés sur les fournitures des sociétaires. De fréquents essais ont permis de vérifier l'exactitude de cette détermination, et l'on sait, par exemple, à Oostcamp, que chaque degré de la pipette du contrôleur de Hausberg correspond à 4 gr. 5 de crème par kilogramme de lait. En multipliant le *degré* de chaque échantillon par le nombre de kilogrammes livrés, on obtient des kilo-degrés qui sont inscrits, chaque jour, au crédit des sociétaires, sur le livret individuel. Lors de la répartition du produit des ventes, on divise les bénéfices nets au prorata du nombre des kilo-degrés attribués à chaque associé.

Cette méthode a été adoptée sans difficulté par

les sociétaires d'Oostcamp, et elle ne donne lieu à aucune difficulté. L'importance extrême du choix des vaches laitières, qui peuvent être bonnes ou mauvaises *beurrières*, et l'influence de l'alimentation ressortent avec une grande clarté de l'examen des livrets de chaque sociétaire.

Voici, par exemple, pour le mois de décembre 1892, les chiffres qui se rapportent aux comptes de deux cultivateurs :

A	Degré moyen du lait	11°7
	Prix par litre	0 fr. 153
B	Degré moyen du lait	7°2
	Prix par litre	0 fr. 09

Ainsi, le prix payé par litre de lait varie de 15 à 9 centimes, suivant que la richesse en beurre est plus ou moins considérable. On voit immédiatement de quel profit eût été privé celui qui, avec une autre méthode, aurait cédé au prix moyen de 0 fr. 12 un lait plus riche en beurre que celui de son voisin négligent ou moins avisé. Dans nos laiteries coopératives françaises, on ne tient pas compte, la plupart du temps, des différences de richesse que présentent les livraisons de lait effectuées par les sociétaires. Il y aurait, croyons-nous, intérêt à modifier cette méthode et à adopter celle qu'emploie le baron Peers à Oostcamp. Elle est fort simple, très rapide, et présente le grand avantage de montrer au cultivateur combien il importe d'accroître la richesse du lait en beurre.

Cette richesse doit être d'autant plus recherchée que le lait doux écrémé paraît encore d'une utilisation moins facile et que sa valeur, comme résidu de fabrication, reste plus faible.

L'alimentation exerce certainement une influence sur la richesse du lait en matière grasse, c'est-à-dire sur le poids de beurre contenu dans un kilogr. de lait. On cite, avec raison, l'exemple de vaches nourries avec des aliments très aqueux comme les feuilles vertes de betteraves, et dont le lait ne contenait plus que 11.8 0/0 de matières sèches, alors qu'avant de recevoir cette nourriture il en renfermait plus de 15 0/0.

Dans ce cas, le poids de beurre avait, en outre, varié dans les mêmes proportions que la matière sèche. Il paraît démontré, aujourd'hui, que la quantité d'eau contenue dans un kilogramme de lait est liée à celle que renferment les aliments. Mais est-il possible de changer, par l'alimentation, la composition de la matière sèche, et d'augmenter la proportion de matière grasse? Des expériences nombreuses permettent de répondre négativement.

Cette proportion de la matière grasse dans la matière sèche du lait dépend surtout de l'aptitude individuelle.

Des vaches laitières appartenant à une même race et recevant une même nourriture peuvent présenter des différences sensibles au point de vue de la richesse du lait en beurre et de la composition de la matière sèche.

M. Gay, répétiteur de zootechnie à l'École de Grignon, vient de publier à ce sujet un très intéressant travail dans les *Annales agronomiques*. Soumises à une même alimentation, cinq vaches de la race des Alpes (variété Schwitz) ont fourni du lait dont la richesse en beurre est différente, tandis que le rapport de la matisre grasse à l'extrait sec varie également dans d'assez grandes proportions. Il est certain, en outre, que la plus forte production de lait par animal ne correspond pas toujours au rendement le plus élevé en beurre. Les chiffres que cite M. Gay sont assez curieux pour que nous croyions utile de les reproduire :

Animaux.	Production mensuelle en lait.	Poids de beurre par litre.	Production mensuelle en beurre.
1	654 litres.	0k036	23k7
2	300 —	0.050	15.0
3	342 —	0.055	18.8
4	387 —	0.045	17.6
5	298 —	0.042	12.7

On voit notamment que le n° 4, malgré la supériorité de sa production en lait, fournit, en définitive, chaque mois, moins de beurre que le n° 3. On pourrait multiplier les exemples pour confirmer cette observation et prouver qu'indépendamment des causes diverses agissant sur la production du beurre (abondance de lait, nourriture, âge, etc., etc.), c'est à l'aptitude individuelle qu'il est intéressant et utile de s'attacher pour choisir de bonnes vaches laitières et beurrières. — Des signes extérieurs, appelés signes beurriers, révèlent, d'ailleurs, la plupart du temps, l'aptitude individuelle des animaux que l'agriculteur devra préférer. Ce bon choix présente un intérêt économique trop visible et trop sérieux pour qu'il ne soit pas utile d'appeler sur ce point spécial toute son attention.

BIBLIOGRAPHIE

On pourra lire, avec le plus grand intérêt, sur les préparations du lait, l'ouvrage suivant :

Les Industries du lait, par R. Lezé, ingénieur des arts et manufactures, professeur à l'Ecole de Grignon. 1 vol. in-8°. Paris, Firmin-Didot.

Lire en outre, sur la même question :

L'Industrie des gruyères, par Ch. Martin, directeur de l'Ecole nationale de laiterie de Mamirolle. 1 vol. in-8°. Paris, Société d'Editions scientifiques.

XI

L'alimentation des vaches laitières. — De la ration des vaches laitières et des équivalents nutritifs. — Importance économique de cette question. — Des circonstances qui influent sur la richesse du lait en beurre ; influence de l'alimentation de la race et de l'individualité. — Les façons culturales et la nitrification. — Communication de M. Dehérain à l'Académie des sciences. — Etude de M. Müntz sur l'emploi des feuilles de vigne pour l'alimentation du bétail.

Nous avons parlé, dans une précédente étude (1), de la production du beurre, de l'alimentation des vaches laitières, et de l'aptitude individuelle que possèdent quelques-unes de ces dernières à produire un lait très riche en matière grasse. Ces questions paraissent avoir attiré particulièrement l'attention de nos lecteurs, et plusieurs d'entre eux nous demandent des détails ou des éclaircissements. Nous allons essayer de leur donner satisfaction.

On peut être certain, tout d'abord, que l'ali-

(1) Voir Etude X, page 153.

mentation des vaches exerce sur la production du lait une influence décisive. L'expérience a prouvé que la quantité, aussi bien que la richesse du lait en matière sèche, dépendait du poids et de la richesse de la ration elle-même. En ce qui concerne ce poids, la seule limite déterminée par l'étude des faits est celle qu'indique immédiatement l'appétit de chaque animal. Celui-ci doit être nourri au maximum, et peut recevoir une ration variant ainsi, non seulement avec son poids vif, mais encore avec l'aptitude spéciale qu'il possède à utiliser, en la transformant, une plus grande masse d'aliments. La composition de la ration n'est pas, cependant, indifférente. Il importe qu'aucun des éléments nutritifs ne reste inutilisé, c'est-à-dire ne traverse le tube intestinal sans être digéré et transformé. Il est également nécessaire de choisir parmi les aliments ceux qui peuvent fournir au meilleur compte les éléments nutritifs entrant dans la composition d'une bonne ration. Ce sont là deux questions différentes, mais d'une importance égale si l'on se place au point de vue des intérêts de l'agriculteur pour lequel un animal n'est, en définitive, qu'une machine destinée à opérer des *transformations lucratives*.

On peut distinguer dans les aliments donnés au bétail trois éléments différents : les matières azotées ou protéine, les matières solubles dans l'éther, et les extractifs non azotés. Il paraît établi par l'expérience qu'une ration destinée aux animaux tels que les vaches laitières, conservées dans les fermes pendant la période de croissance, doit être composée de façon à ce que le rapport du poids des matières azotées aux matières non azotées soit égal à 1/3 ou 1/4. Associés dans cette proportion, les éléments de la ration peuvent atteindre le coefficient maximum de digestibilité. On peut admettre également que, par 100 kilogrammes de poids vif, la ration de l'animal doit renfermer environ 3 kilogrammes de matière sèche.

Voici maintenant, à titre d'exemple, un type de ration d'hiver que nous empruntons à l'ouvrage (1) désormais classique de notre éminent collègue, le professeur Sanson :

(1) *Traité de zootechnie*, t. IV, p. 301. Librairie agricole de la Maison rustique.

1er type.		Matière sèche.	Protéine.	Matière soluble dans l'éther.	Extractifs non azotés.
5k000	Betteraves.	0k600	0k055	0k005	0k450
0.800	Foin de trèfle . . .	0.670	0.129	0.013	0.283
0.500	Paille de froment .	0.485	0.010	0.008	0.175
1.000	Son de froment . .	0.866	0.140	0.038	0.450
0.200	Germes de malt . .	0.178	0.047	0.006	0.072
0.250	Tourteau d'œillette.	0.225	0.081	0.025	0.066
		3k024	0k462	0k095	1k496

Relation nutritive . . . . . . $= \frac{\text{Matières azotées}}{\text{Matières non azotées}} = \frac{1}{3.44}$

Cette ration, comme nous l'avons dit, est calculée pour 100 kilogr. de poids vif. Il suffirait donc de multiplier le poids de ces différents éléments par le nombre de quintaux que représente une vache laitière pour calculer approximativement le poids de sa ration. Il est bien entendu toutefois que c'est là, simplement, une approximation, et que les animaux doivent recevoir tous les aliments qu'ils peuvent consommer.

La ration type que nous venons d'indiquer peut être modifiée. A Grignon, par exemple, où la plupart des vaches laitières sont parvenues à l'âge adulte, on donnait il y a quelques mois par vache :

37k betteraves.
10.800 pommes de terre.
5.000 foin.
0.800 farine d'orge.
0.320 tourteaux.

$$\text{Relation nutritive} = \frac{\text{Matières azotées}}{\text{Matières non azotées}} = \frac{1}{4.92}$$

Ces formules de rations sont très élastiques. Il convient, précisément, de savoir substituer, suivant les ressources de la culture, des racines diverses aux betteraves, des regains au foin ordinaire, et des fourrages verts *ensilés* à quelques-uns de ces aliments. En particulier, les résidus industriels riches en protéine comme les tourteaux doivent être substitués les uns aux autres suivant les cours du marché, de façon à obtenir au meilleur marché possible le kilogramme de matières azotées entrant dans la composition de la ration. — Les cultivateurs se laissent trop souvent guider dans le choix de ces aliments concentrés par des opinions préconçues ou des traditions contre lesquelles il est bon de s'élever. Voici, par exemple, un tableau indiquant pour différents tourteaux la richesse en protéine telle qu'elle résulte des analyses faites à

Grignon par M. Gay, et le prix de revient du kilogramme d'après les cours du marché :

Tourteaux.	Prix des 100 kilogr.	Richesse en protéine.	Prix de revient du kilogr. de protéine.
—	—	—	—
Arachide.	18 »	47.71	0.37
Sésame	16 »	41.57	0.38
Coton décortiqué . .	18.25	38.50	0.47
Germes de maïs . . .	14.50	20.31	0.71

On voit que, grâce à leur grande richesse et à leur prix relativement bas, les tourteaux d'arachide et de sésame permettent d'obtenir le kilogramme de protéine à 0 fr. 37 et 0 fr. 38; pour les tourteaux de coton ou de maïs, il n'en est pas de même, et la valeur du kilogramme de protéine s'élève à 0 fr. 47 ou 0 fr. 71. Il y a donc tout avantage à substituer dans les rations l'arachide et la sésame au coton ou au maïs à l'état de tourteaux, en calculant les poids de ces aliments de façon à ce qu'ils fournissent aux vaches laitières la même quantité de protéine. On ne saurait trop insister sur de pareilles considérations. C'est en tenant compte des fluctuations des cours et en s'appuyant sur des recherches scientifiques de cette nature, qu'on peut arriver, en agriculture, à accroître les profits réalisés.

Examinons, maintenant, l'alimentation au point de vue de la richesse du lait en matière grasse. — Ainsi que nous l'avons déjà dit dans notre précédente Étude, il ressort de très nombreuses expériences que l'alimentation peut augmenter ou diminuer le poids de matière grasse produite par une vache laitière, *mais qu'elle ne modifie pas la proportion de beurre dans la matière sèche totale.*

La richesse de l'alimentation agit donc *indirectement* sur la richesse du lait en matière grasse. Quant à la proportion de beurre contenue dans la matière sèche, elle varie avec les races, les variétés, et surtout avec les individus. On sait, par exemple, que les vaches jersiaises ou bretonnes donnent un lait qui est généralement plus riche en matière sèche que celui des vaches hollandaises, sans compter que la proportion de beurre renfermé dans l'extrait sec est également plus considérable pour les premières que pour les secondes. Mais il ne faut pas oublier que l'individualité exerce une influence plus marquée, encore, à ce dernier point de vue. Des vaches de même race et de même variété soumises à une alimentation identique produisent du lait dont la matière sèche renferme des quantités de beurre fort différentes. Les expériences récemment faites à Grignon par M. Gay mettent très bien ce fait en évidence. Voici, par exemple, les chiffres qui se rapportent à l'extrait sec et à la matière grasse renfermés dans le lait de cinq vaches Schwitz et de cinq vaches Normandes recevant une nourriture identique :

Race des Alpes (variété Schwitz).	Composition du lait p. 100.		Rapport de la mat. grasse à l'extrait sec pour 100.
	Extrait sec.	Matière grasse.	
N° 1.	13.28	3.63	27.3
2.	15.01	5.01	33.3
3.	15.36	5.52	35.9
4.	14.70	4.55	30.9
5.	14.90	4.28	28.7
Race germanique (variété normande).			
N° 1.	12.76	3.36	26.3
2.	14.21	4.20	29.5
3.	15.27	4.43	29.0
4.	15.28	4.53	29.6
5.	15.58	4.93	31.6

Si nous nous reportons à la dernière colonne,

nous voyons que le rapport de la matière grasse à l'extrait sec du lait est fort variable, non seulement d'une race à l'autre, mais encore d'un animal à un autre animal. Il en est de même, en ce qui concerne le poids absolu de la matière grasse contenue dans le lait. On voit par là avec quelle attention il convient de choisir les vaches qui possèdent au plus haut degré une aptitude individuelle plus marquée à élaborer de la matière grasse. Si la composition de l'extrait sec échappe à notre action, en ce sens que nous ne pouvons pas modifier cette composition par l'alimentation, il est certain, en revanche, qu'une sélection attentive permet de grouper les animaux possédant, à ce point de vue, une aptitude spéciale qu'ils pourront transmettre à leur descendance.

Nous n'avons pas encore parlé à nos lecteurs d'une communication très intéressante qu'a faite à l'Académie des sciences notre éminent collègue M. Dehérain. Il s'agit des façons culturales dans leur rapport avec la nitrification. — On sait en quoi consiste ce phénomène. Sous l'action de ferments spéciaux qu'ont étudiés

MM. Schlœsing et Müntz, les matières organiques azotées de la terre arable sont oxydées; et il se forme une certaine quantité de *nitrates*. Ceux-ci sont difficilement et imparfaitement retenus dans le sol malgré les propriétés absorbantes si curieuses que la terre possède, et on retrouve ces nitrates dans les eaux de drainage où il est alors facile de les doser.

Les matières organiques azotées ne sont d'ailleurs que très lentement transformées en nitrate par les ferments dont nous venons de parler, et, malgré le poids considérable d'azote combiné que renferme la couche de terre cultivée, il est presque toujours nécessaire d'incorporer à celle-ci des engrais comme le fumier de ferme qui donnent naissance plus aisément à des nitrates auxquels les récoltes demandent un aliment indispensable, sous cette forme, à leur développement. La nitrification des matières azotées du fumier est même parfois si lente qu'il convient d'ajouter des nitrates tout formés comme les nitrates de soude, dont l'emploi tend aujourd'hui à se vulgariser. La nécessité de leur usage ne provient, en définitive, que d'une nitrification insuffisante des fumiers incorporés au sol ou des matières azotées organiques renfermées dans la terre arable en quantités très considérables, si considérables même qu'elles contiennent, en général, un poids d'azote cent fois supérieur à celui qu'exigent les plus grosses récoltes.

Serait-il possible d'activer la nitrification au point de mettre à la disposition des plantes la quantité de nitrates dont elles ont besoin ?

Serait-il possible de supprimer du même coup la nécessité de l'emploi des nitrates du commerce et les dépenses qu'occasionne leur achat ? Le problème est peut-être hardi, mais on ne saurait nier son intérêt. Il suffit de le poser pour prouver l'importance théorique et économique de sa solution.

A la suite de diverses observations, M. Dehérain fut amené à penser que l'émiettement et la trituration du sol pouvaient exercer une influence marquée sur la nitrification des matières organiques azotées. Dans sa pensée, la dissémination des ferments nitrificateurs se trouvait facilitée par la trituration, et leur travail devait être ainsi plus rapide et plus actif. En consultant les registres de son laboratoire, M. Dehérain constata que les terres donnaient toujours, au moment où elles étaient mises en expérience, des nitrates en proportions beaucoup plus fortes que quelques mois plus tard. Ce résultat curieux n'était-il pas dû au mélange plus intime des différentes parties du sol au moment de la prise d'échantillons, de la mise en sac, etc. ?

« Pour vérifier, dit-il, cette manière de voir, je fis choix de six vases de terre, en expériences à Grignon depuis deux ans et qui, depuis cette époque, étaient restés en place : trois vases restèrent intacts, trois autres, renfermant les mêmes terres que les précédents, furent transportés dans le bâtiment de la station, et les 50 kilogrammes de terre qu'ils renfermaient furent étalés sur un carrelage bien nettoyé, où l'on ne fait aucune manipulation d'engrais ; la terre resta exposée à l'air six semaines, du 1er novembre au 15 décembre, et de temps à autre elle fut remuée avec un râteau ; les terres furent alors ramenées au laboratoire et de nouveau exposées en plein air.

« A ce moment, on préleva des échantillons

sur les terres remuées et sur celles qui étaient restées en place ; on chercha l'azote nitrique dans 100 grammes de chacune d'elles. »

Voici maintenant les résultats obtenus pour une terre de Grignon contenue dans un des vases :

	Azote nitrique extrait de 100 grammes.	
	Terre non remuée.	Terre remuée.
N° 1	2	44
N° 2	3	39

Ces chiffres étaient déjà fort significatifs. Au mois de février, et au commencement de mars, cette même terre et quelques autres provenant du Puy-de-Dôme furent remises en place, et donnèrent des eaux de drainage où l'on dosa par mètre cube les quantités suivantes d'azote nitrique :

Terres non remuées	18gr8
Terres remuées.	1.340gr0

Les différences qu'accusent ces chiffres sont énormes, et elles mettent en évidence, avec une singulière clarté, l'influence de la trituration du sol sur la formation des nitrates. La quantité d'azote nitrique ainsi empruntée aux réserves de matières azotées organiques que renferme le sol serait même trop grande si l'on parvenait à déterminer dans nos champs par des façons culturales appropriées une nitrification aussi active. En s'appuyant sur les chiffres qui se rapportent aux quantités d'azote nitrique trouvées dans la terre de Grignon dont nous parlions plus haut, on voit que, pour une couche arable de 0^{m},09 c. de profondeur et par hectare, les plantes auraient à leur disposition de 390 à 440 kilogr. d'azote nitrique, alors que les récoltes n'ont guère besoin, au printemps, de plus de 100 à 120 kilogr. Une part notable de l'azote organique du sol serait ainsi gaspillée et disparaîtrait entraînée par les pluies. Fort heureusement, il résulte d'autres expériences, instituées par M. Dehérain, que les terres triturées au printemps fournissent beaucoup moins de nitrates. Elles peuvent simplement mettre à la disposition des plantes les quantités d'azote qui leur sont utiles. — Voici, en définitive, quelles sont les conclusions de M. Dehérain au point de vue des travaux d'ameublissement du sol :

« En octobre ou en novembre, on donne les grands labours ; le sol ouvert par la charrue recueille, absorbe, emmagasine les eaux d'hiver qui glisseraient sans pénétrer sur une terre durcie par le soleil et damée par la pluie ; la charrue exécute très bien ce premier travail, elle se borne à retourner la motte qu'elle soulève sans la briser, toutes les mollécules se déplacent parallèlement les unes aux autres, il n'y a pas de trituration, et il ne faut pas qu'il y en ait si la terre doit rester découverte pendant tout l'hiver, car la trituration déterminerait une nitrification active absolument préjudiciable ; les nitrates formés seraient dissous, entraînés, perdus.

« Aussitôt qu'approche l'époque des semailles, il faut, au contraire, que cette trituration soit aussi complète que possible ; c'est le moment de faire entrer en jeu les herses, les rouleaux, les scarificateurs, etc. Quand les plantes sont levées, il faut encore, par des binages répétés, émietter le sol, le pulvériser, le triturer avec d'autant plus de soin qu'on cultive une plante plus exigeante; on a remarqué que le poids des betteraves obtenues est en raison du nombre des binages exécutés.

« Je crois que, si ces façons sont multipliées, que, si l'on emploie des instruments mieux appropriés à cette fonction de trituration, on pourra provoquer dans les sols en place une nitrification analogue à celle que nous obtenons au laboratoire et obtenir de pleines récoltes sans s'astreindre à acquérir du nitrate de soude. »

On voit immédiatement la très grande portée des expériences de M. Dehérain. Il est donc inutile d'insister.

Le dernier numéro des *Annales agronomiques* (1) renferme quelques pages instructives et intéressantes de M. Müntz, le très distingué professeur de l'Institut national agronomique. L'auteur traite une question qui emprunte aux circonstances actuelles un intérêt particulier; il s'agit de l'emploi des feuilles de vigne pour l'ali-

(1) *Annales agronomiques*, dirigées par P.-P. Dehérain, de l'Académie des sciences, professeur à l'École de Grignon; chez Masson, éditeur.

mentation du bétail. La quantité de feuilles qui restent sur les souches après l'enlèvement des raisins est, en effet, considérable, surtout dans les admirables vignobles du sud et du sud-ouest de la France. On peut, sans exagération, affirmer que, dans le Midi, ces feuilles équivalent par hectare à une récolte de 2,000 à 3,000 kilogr. de foin sec. Ailleurs, en Champagne, par exemple, ce chiffre peut s'abaisser à 1,500 ou 2,000 kilogr. On voit qu'il s'agit de ressources fourragères très importantes auxquelles la sécheresse donne une grande valeur. Ramassées et desséchées à l'air avec soin, de façon à éviter la moisissure ou même ensilées, les feuilles peuvent constituer un aliment excellent, riche en principes alimentaires, et particulièrement en matières azotées. L'enlèvement des feuilles de vigne après la vendange ne présente, d'ailleurs, aucun inconvénient. Leur rôle, au point de vue de la production des éléments qui servent à former le raisin, est évidemment terminé. Pour éviter de nuire à la maturation des sarments, parfois tardive, surtout dans le Nord, il suffit d'attendre l'époque convenable.

Enfin, l'emploi des feuilles auxquelles adhèrent encore des composés cuivriques provenant des traitements contre le mildew ne présente pas de danger. Des expériences répétées l'ont suffisamment prouvé. M. Müntz a donc parfaitement raison de conclure en disant : « Dans une période de rareté de fourrages comme celle que nous traversons, on ne saurait trop appeler l'attention des viticulteurs sur le parti qu'ils peuvent tirer de l'énorme quantité de matières alimentaires que laisse la vigne après la vendange, et dont la production peut s'évaluer, pour une surface de près de 2 millions d'hectares que comprend le vignoble français, à plus de 40 millions de quintaux métriques de foin. »

Nous devons simplement ajouter que M. Müntz aura rendu service au public agricole en étudiant cette question et en faisant justice de quelques préjugés qui ont encore pour effet de priver nos agriculteurs des ressources fourragères dont ils pourraient fort utilement profiter.

BIBLIOGRAPHIE

Outre l'article de M. Gay publié dans les *Annales agronomiques*, on pourra se reporter aux ouvrages et travaux suivants :

Traité de zootechnie, par A. Sanson, professeur à l'Ecole de Grignon. 5 vol. in-18. Paris, librairie agricole de la Maison Rustique.

Des Résidus industriels dans l'alimentation du bétail, par Ch. Cornevin, professeur à l'Ecole vétérinaire de Lyon. 1 vol. Paris, Firmin-Didot.

Pour étudier la question de la nitrification, consulter :

Traité de chimie agricole, par P-.P. Dehérain, de l'Académie des Sciences, professeur à l'Ecole de Grignon. 1 vol. in-8°. Paris, Masson.

XII

La récolte des céréales en France et celle des prairies. — Peut-on expliquer l'état satisfaisant des cultures des céréales? — Mode de végétation de ces dernières. — Expériences faites à Grignon. — Communication récente de M. Dehérain à l'Académie des sciences sur ce sujet. — Mémoire de Lawes et Gilbert sur la sécheresse de 1870 et l'état des cultures.

Le ministère de l'agriculture a publié récemment les indications qui lui ont été transmises par les professeurs départementaux au sujet de nos récoltes de céréales. Il ressort de ces enquêtes locales que les quantités récoltées sont assez considérables, surtout pour les céréales d'hiver, et en particulier, pour le froment.

La sécheresse extraordinaire de l'année 1893 n'aura donc pas produit les effets désastreux que l'on redoutait. Cette conclusion pourra cependant, paraître singulièrement optimiste aux agriculteurs très éprouvés de certaines régions

Nous parcourions, il y a quelques semaines, les vallées et les plateaux calcaires qui s'étendent de Tonnerre à Dijon. Les céréales ont beaucoup souffert dans cette partie de la France. Il en est de même dans le pays de Caux, que nous visitions dernièrement ; sauf dans les vallées et dans les parties où le sol est très profond, on voyait aisément que les blés, comme les avoines, ne promettaient pas même une récolte moyenne.

Il est certain, toutefois, que, d'une façon générale, les céréales ont beaucoup moins souffert que les prairies. Nous constatons, également, que les céréales d'hiver, c'est-à-dire celles qui ont été semées à l'automne dernier, ont été moins éprouvées par la sécheresse que les céréales de printemps. Peut-on expliquer ces différences, et est-il possible de tirer, au moins, quelque profit pour l'avenir des observations que nous avons faites durant une année exceptionnelle ? C'est ce que nous voudrions nous demander aujourd'hui.

On sait que les cinq premiers mois de 1893 ont été marqués par une diminution sensible de la quantité d'eau tombée sur le sol à la suite des pluies si fréquentes dans cette saison.

En rapprochant simplement les chiffres qui se rapportent à l'année 1892 et à l'année 1893, on trouve les différences suivantes qui ont été notées à l'École de Grignon :

Mois.	Pluie (hauteur d'eau). 1892.	1893.	Différences pour 1893.
—	—	—	—
	m/m	m/m	m/m
Janvier	7.5	13.3	+ 5.8
Février	37.7	27.1	—10.6
Mars.	20.8	9.5	—11.3
Avril	28.0	6.0	—22.0
1re quinzaine de mai. .	4.1	0.0	— 4.1
	98.1	55.9	42.2

On voit qu'en moyenne, depuis le 1er janvier jusqu'au 15 mai 1893, il est tombé à Grignon beaucoup moins d'eau que durant la même période de 1892. Les récoltes fourragères, et surtout les sainfoins et les prairies, souffraient évidemment, dès le 15 mai, de cette sécheresse exceptionnelle.

Les blés d'hiver présentaient, au contraire, la plus belle apparence. Les avoines de printemps étaient, de leur côté, vigoureuses, sans paraître cependant supporter aussi vaillamment le manque de pluie, et l'évaporation si active que déterminait l'éclairement intense des longues journées ensoleillées.

Pour nous rendre compte de l'état de dessiccation du sol au 15 mai, nous avons fait prendre quelques échantillons dans les champs de froment et d'avoine. La quantité d'eau contenue dans le sol jusqu'à une profondeur de $0^m,20$ est indiquée dans le tableau suivant :

Profondeurs.	Quantité d'eau.
De 0^m à 0^m05	3.97 0/0
0^m05 à 0^m10	6.20 —
0^m10 à 0^m20	17.30 —

Ainsi, depuis la surface jusqu'à une profondeur de $0^m,10$, la quantité d'eau est faible. C'était évidemment dans la couche inférieure, de $0^m,10$ à $0^m,20$ et au-dessous, que les plantes devaient plonger leurs racines pour puiser l'eau nécessaire à leur développement. Le froment devait-il précisément sa belle végétation à la longueur de ses racines, tandis que l'avoine et surtout les plantes de prairies n'avaient pu réussir à atteindre la couche de terre encore humide ? Pour le savoir, nous avons prié M. Claudel, répétiteur à l'École, d'isoler dans le champ de blé un bloc de terre jusqu'à 1 mètre de profondeur, et de détacher peu à peu les racines en désagrégeant la masse entière au moyen d'un mince filet d'eau. Grâce à la patience de l'opérateur, cette tâche délicate a pu être menée à bien, et nous avons constaté avec quelque surprise que le froment enfonçait déjà ses racines au delà de $0^{m},60$, et parfois jusqu'à $0^{m},80$ de profondeur. L'avoine, au contraire, ne dépassait pas la limite de $0^{m},20$ à $0^{m},25$ au-dessous de la surface du champ, et la plupart des plantes de prairies n'avaient même pas atteint cette profondeur. Il est donc certain qu'elles devaient souffrir beaucoup plus de la sécheresse que l'avoine. Quant au froment, la longueur considérable de ses racines expliquait sa résistance et sa force. Il est évident que les faits constatés à Grignon auraient pu l'être partout ailleurs. Les céréales et le froment, en particulier, ont donc la faculté très précieuse et très curieuse aussi de développer très rapidement leurs racines, et de les enfoncer dans le sol assez profondément pour qu'elles puissent aller puiser dans les couches profondes du sol l'eau nécessaire à leur vie normale. On comprend ainsi l'influence que peuvent exercer sur leur développement la profondeur de la couche arable, l'état d'ameublissement du sol et la nature du sous-sol. Notre éminent collègue M. Dehérain vient de faire à l'Académie des sciences une très intéressante communication qui complète ce que nous venons de dire sur le développement des racines du froment.

Dans le champ d'expériences de Grignon, M. Dehérain a fait construire des cases de végétation d'une hauteur de 1 mètre et d'une surface de 4 mètres carrés. Ces cases, bien isolées du champ où elles ont été enfoncées, sont percées à leur partie inférieure, de façon que l'on puisse recueillir aisément les eaux de pluie qui ont circulé dans la masse de la terre. Ces cases ont servi dernièrement aux remarquables expériences dont nous avons déjà parlé ici, à propos du drainage des terres nues ou cultivées. Chacune d'elles a une capacité de 4 mètres cubes et renferme 5 tonnes de terre reposant sur un lit de pierres qui permettent aux eaux de filtrer aisément.

Cette année, le ray-grass, graminée de prairie bien connue, a été cultivé dans une case, mais la récolte a été presque nulle.

En pleine terre, le résultat n'a pas, d'ailleurs, été plus satisfaisant.

Dans une case voisine de celle qui portait le ray-grass, M. Dehérain avait fait semer, à l'automne dernier, du blé à épi carré. Jusqu'en mai, ce froment présenta une belle apparence. Mais, à partir de cette époque, il jaunit au pied rapidement, mûrit hâtivement, et donna, en définitive, une récolte très médiocre. En pleine terre, sur une parcelle toute voisine, traitée de la même manière et ensemencée avec le même blé, la récolte fut, au contraire, satisfaisante.

Voici les résultats obtenus par hectare :

BLÉ A ÉPI CARRÉ

	Grain. — quintaux	Paille. — quintaux
Case n° 1.	14.5	210
— n° 2.	14.5	230
— n° 3.	13.4	230
Parcelle (pleine terre). . . .	23.4	300

Le blé s'était donc beaucoup mieux développé en pleine terre que dans les cases, tandis que l'une ou l'autre de ces conditions de végétation ne paraissait avoir eu aucune influence sur le ray-grass. Pourtant la terre des cases est la même que celle de la parcelle, et toutes les autres circonstances paraissent identiques. — Comment expliquer, dès lors, que la sécheresse ait arrêté le developpement du ray-grass et nui à celui du blé dans les cases sans exercer une action comparable sur le froment semé en pleine terre ? — Pour résoudre ce problème, M. Dehérain se demanda tout d'abord si, dans la parcelle de pleine terre, une certaine quantité d'eau n'était pas remontée par capillarité jusqu'au voisinage des racines. Pareil phénomène ne pouvait, d'ailleurs, s'être produit dans les cases dont le fond est imperméable et laisse couler, au contraire, l'eau qui filtre jusqu'à lui.

Les dosages d'humidité effectués donnèrent les résultats suivants :

	Eau dans 100 gr. de terre	
	Case.	Parcelle de pleine terre.
De la surface à 0m25 . . .	9gr4	12gr5
De 0m25 à 0m50	7.7	10.3
De 0m50 à 0m75	7.9	9.3
De 0m75 à 1m	7.5	8.5

Sans doute, la terre de la parcelle renferme plus d'eau que le sol de la case, mais l'écart reste très faible, et il est, en tous cas, certain que les couches inférieures ne sont pas plus chargées d'eau que les tranches supérieures. La capillarité ne saurait donc expliquer la montée de l'eau jusqu'à la surface.

M. Dehérain, écartant cette hypothèse, eut alors la pensée d'examiner les racines. — « A force de soin et de patience, dit-il, M. Dumont, chimiste de la Station agronomique, parvint à extraire de la terre meuble des cases quelques racines de blé sans les briser. Ces racines s'enfoncent verticalement en filets très minces au travers de la terre meuble, atteignent la couche de cailloux qui assure le drainage, s'y ramifient en tout sens, rampent, enfin, sur la couche de ciment qui forme le fond de la case, à 1 mètre de la surface. Nous avons étalé ces racines sur une planche ; quand elles sont étendues, *elles atteignent* 1^{m},75 *de long*.

« Il est visible que, si, au lieu de rencontrer une surface absolument imperméable, incapable de leur rien fournir, ces racines avaient trouvé un sous-sol enrichi d'humidité par les pluies d'hiver, elles auraient pu s'y abreuver.

« C'est précisément ce qui est arrivé pour le blé de pleine terre. Nous n'avons pas réussi à en extraire complètement les racines ; leurs minces filets sont facilement suivis jusqu'à 1^{m},20 ; à cette profondeur, elles rencontrent une couche de calcaire grossier fendillé ; elles rampent à la surface, puis, profitant des moindres fissures, y pénètrent, s'y couvrent de poils absorbants, traversent cette couche pierreuse et s'enfoncent dans la terre plus meuble sous-jacente. Ces racines ont certainement atteint une longueur de 2 mètres. »

D'autre part, M. Dehérain a mesuré la longueur des racines de ray-grass. Celles-ci se sont surtout épanouies et développées dans les couches superficielles. C'est tout à fait exceptionnellement que leur longueur atteint $0^{m},75$.

La conclusion à tirer de ces observations est fort simple et très nette. Contrairement à l'opinion généralement répandue, le froment peut plonger très profondément dans un sol meuble de nombreuses racines qui vont y puiser l'humidité dont la plante a besoin. C'est tout au moins ce qui se passe lorsque le blé est assez vigoureux au début pour lutter ainsi contre des conditions climatériques défavorables durant des périodes de sécheresse semblables à celle que nous traversons. Les graminées, comme le ray-grass, ne paraissent pas posséder la même faculté, et n'offrent pas, en conséquence, la même résistance. Il est donc naturel que, durant l'année 1893, nos récoltes de foin de prairies aient été fort médiocres, ou même nulles, alors que les rendements du froment sont restés assez satisfaisants. On peut, en outre, dégager quelques enseignements de ces observations nouvelles. D'une façon générale, il est reconnu, cette année, que les céréales semées à l'automne dernier ont mieux supporté la sécheresse que les céréales de printemps. Elles ont pu, en effet, développer assez puissamment leur système radiculaire pour être en état de profiter des pluies du printemps et pour allonger ultérieurement leurs radicelles à mesure que les couches superficielles du sol devenaient moins humides. On voit donc combien il peut être utile de hâter les semailles à l'automne, et de ne pas avoir recours à la pratique dangereuse, parfois, des ensemencements faits au printemps. Il est clair aussi que l'ameublissement du sol, en permettant aux racines des céréales de s'enfoncer plus aisément et plus profondément, peut prémunir le cultivateur contre les surprises de la sécheresse. La richesse du sol en matières fertilisantes promptement assimilables exerce également une action marquée sur la faculté que possèdent les céréales de développer leur système radiculaire et d'aller puiser de l'eau à de grandes profondeurs. Cette question présente, d'ailleurs, trop d'intérêt pour que nous l'abordions aujourd'hui. Nous comptons l'étudier plus à loisir dans une autre Revue.

L'influence qu'a exercée cette année la sécheresse sur le rendement des prairies mérite une attention spéciale, et nous voudrions rappeler, à ce propos, quelques expériences remarquables dues aux célèbres agronomes anglais Lawes et Gilbert. Dans un Mémoire dont les *Annales agronomiques* (1) ont publié la traduction, ces deux savants expérimentateurs étudient « l'influence de la sécheresse de 1870 sur les récoltes ». Ils citent, à propos des prairies, les chiffres suivants qui résument leurs expériences poursuivies pendant treize ans sur les terres de Rothamsted.

Parcelles en expérience.	Foin par hectare. En 1870.	Période 1856-1870.	Déficit en 1870.
—	—	—	—
Sans engrais.	725k	2.271k	2.046k
Engrais minéraux et sels ammoniacaux	3.625	6.527	2.902
Engrais minéraux et nitrate de soude.	7.000	7.250	250

Sous l'influence de la sécheresse extraordinaire de 1870, on voit que, sur les trois parcelles

(1) *Annales agronomiques*, dirigées par M. Dehérain, de l'Académie des sciences, professeur à l'École de Grignon. — Tome I, année 1875. — Page 251. — Masson, éditeur, Paris.

en expérience, il s'est produit une diminution de récolte. Cette diminution est, toutefois, bien différente. Tandis qu'elle atteint 2,046 kilogr. par hectare pour la parcelle non fumée et 2,902 kil. pour la parcelle fumée avec les sels ammoniacaux, elle n'est plus que de 250 kilogr. lorsqu'on a pris soin d'ajouter du nitrate de soude à la fumure minérale. Pour découvrir les causes de l'action si diverse de la sécheresse sur les trois parcelles, MM. Lawes et Gilbert recherchèrent l'humidité contenue dans le sol à des profondeurs différentes. Voici les résultats qu'ils obtinrent :

HUMIDITÉ P. 100

	Parcelle		
	Sans engrais.	Avec sels ammoniacaux.	Avec nitrate de soude.
De 0 à 22 c. 5	10	13	12
De 22 c. 5 à 45 c. . . .	13	10	11
De 45 c. à 67 c. 5 . . .	19	16	15
De 67 c. 5 à 90 c. . . .	22	18	16
De 90 c. à 1m125	24	20	17
De 1m125 à 1m35	25	21	18

La quantité d'eau contenue dans les couches

supérieures est donc plus grande pour les parcelles fumées que pour la parcelle sans engrais ; mais, en revanche, elle est beaucoup moins considérable à partir de $0^m,45$ jusqu'à $1^m,35$. En définitive, le poids d'eau renfermé dans le sol jusqu'à $1^m,35$ est plus grand pour la parcelle non fumée que pour les parcelles fumées. Ces dernières avaient, cependant, beaucoup mieux supporté la sécheresse, malgré ces conditions moins favorables. La parcelle fumée avec du nitrate de soude avait, en outre, présenté un excédent de récolte très remarquable. Comment expliquer ces anomalies et ces différences ? Lawes et Gilbert eurent recours à l'analyse botanique des plantes croissant sur chacune des trois parcelles et à l'examen de leurs racines.

Sur la parcelle non fumée, ils trouvèrent des plantes très variées ; sur les parcelles fumées avec des sels ammoniacaux ou du nitrate, les *graminées* avaient presque complètement remplacé les *légumineuses*, et le nombre des espèces était très restreint.

Quant aux racines des plantes, voici les réflexions particulièrement instructives que leur examen suggère aux deux agronomes anglais.

« Nos observations précédentes nous conduisent à reconnaître que non seulement les plantes dominantes ont varié dans chacune des parcelles suivant les engrais employés, *mais qu'en outre les plus abondantes sur la parcelle sans engrais avaient les racines les moins puissantes et les moins vigoureuses :* l'argile du sous-sol était très peu modifiée, et elle avait cédé très peu d'humidité aux récoltes. Les graminées si puissamment développées de la parcelle qui a reçu les engrais minéraux et les sels ammoniacaux, ne puisant leur nourriture que dans les couches supérieures du sol et ayant fourni cependant, sous l'influence de l'engrais, un accroissement de récoltes sensible, ont dû prendre directement par leurs racines l'eau que la capillarité a fait remonter des couches les plus profondes qu'on ait examinées jusqu'à la surface ; c'est ce que prouve, au reste, la grande différence d'humidité qu'on observe entre les échantillons de cette parcelle et de celle qui n'a pas été fumée.

Les plantes, qui se sont développées sur la parcelle qui a reçu le nitrate de soude, avaient une tendance prononcée à enfoncer leurs racines profondément, et nous trouvons le sol desséché à une profondeur considérable, ce qui explique le peu d'effet qu'a produit la sécheresse sur la récolte. »

Ces réflexions, aussi bien que les chiffres relatifs aux récoltes de foin sur les parcelles fumées et non fumées, présentent un intérêt scientifique et économique qui n'échappera à personne. On voit par là combien il peut être avantageux de répandre sur les prairies des engrais complémentaires qui assurent à la fois des coupes plus abondantes et plus régulières, c'est-à-dire moins étroitement dépendantes des circonstances atmosphériques. — Il est bon d'ajouter aux observations déjà citées de Lawes et Gilbert les explications suivantes qui les complètent utilement : « Si nous rappelons que le sous-sol de la parcelle qui a reçu le nitrate de soude est plus modifié que celui de la parcelle qui a été amendée avec des sels ammoniacaux, que de plus la parcelle fumée au nitrate a été couverte de plantes prenant leur nourriture à une grande profondeur, ce qui leur a permis de résister victorieusement à la sécheresse, nous pourrons en conclure que l'ammoniaque des sels ammoniacaux est retenue bien plus complètement par les couches superficielles que l'acide nitrique des nitrates. Ce dernier est, par suite, plus facilement entraîné par la pluie jusque dans le sous-sol où les racines le suivent. » Enfin, il est fort intéressant à noter que, durant l'année 1870, si remarquable par sa sécheresse, les agronomes anglais avaient répandu sur une partie de la prairie en expérience de grandes quantités de fumier. Cet engrais ne *produisit aucun effet*. On voit donc qu'il convient de ne pas attribuer au fumier une action qu'il n'exerce pas toujours au point de vue de l'hygroscopicité et de l'accroissement du rendement des prairies. Les expé-riences de Rothamsted prouvent que, pour certains sols, l'addition d'engrais chimiques convenablement choisis peut être singulièrement plus avantageuse.

Cette conclusion s'applique, d'ailleurs, au froment cultivé à Rothamsted, et sur le développement duquel Lawes et Gilbert nous donnent dans leur Mémoire de précieuses indications. Voici les chiffres qui résument leurs expériences poursuivies pendant *dix-neuf ans :*

		Production totale, grain et paille, par hectare.
Sans engrais.	Produit moyen . . .	2.685 kilogr.
	Produit en 1870. . .	2.242 —
	Différence pour 1870	443 kilogr.
Avec engrais de ferme.	Produit moyen . . .	6.937 kilogr.
	Produit en 1870. . .	5.703 —
	Différence pour 1870	1.234 kilogr.
Avec engrais minéraux et ammoniacaux.	Produit moyen . . .	7.019 kilogr.
	Produit en 1870. . .	6.536 —
	Différence pour 1870	483 kilogr.

Il est évident que le déficit constaté en 1870 est bien moins considérable pour la parcelle fumée avec des engrais chimiques que pour les deux autres. — Ces résultats peuvent différer avec les sols, mais il est bon, néanmoins, de les rappeler, pour montrer que l'agriculteur avisé et instruit peut souvent lutter contre les accidents atmosphériques, et assurer à ses récoltes une régularité toujours désirable.

XIII

La fabrication du vin et les levures pures sélectionnées. — Historique et état de la question. — Conclusions du rapport de M. Kayser au Congrès viticole de Montpellier. — Méthodes d'emploi des levures pures. — Nécessité des expériences. — Études de M. Müntz sur l'utilisation des marcs de vendanges. — La fabrication des piquettes et l'emploi des marcs pour l'alimentation du bétail.

On fait en ce moment la vendange dans le midi de la France ; au milieu de cette admirable plaine qui s'étend de Nîmes à Cette et sur le flanc des collines qui la limitent, les grappes enlevées à la vigne vont s'entasser sur les chars.

Le vin bientôt va ruisseler et remplira les grands foudres alignés dans les chais. Ceux qui n'ont pas eu le plaisir de parcourir cette belle région ne peuvent guère en deviner la beauté et la richesse.

Avec ses 160,000 hectares de vignes aujourd'hui reconstituées, le département de l'Hérault, par exemple, peut produire de 7 à 8 millions d'hectolitres de vin. Cette quantité représente déjà le quart de notre production annuelle en France. La productivité des vignobles nouvellement plantés s'accroîtra encore sensiblement aussi bien que leur surface d'ici peu d'années. Dès à présent le rendement des vignes plantées dans la plaine dépasse 100 hectolitres par hectare et varie de 180 à 200 hectolitres lorsqu'il s'agit de vignobles soumis à la submersion. Sur les coteaux, la qualité du vin est meilleure, mais la récolte tombe à 60, 70 ou 80 hectolitres. Pour se rendre compte de la richesse d'une pareille culture, il suffit de calculer le produit brut par hectare que la vigne permet d'obtenir. Au prix très modéré de 15 francs l'hectolitre, et avec les rendements obtenus d'une façon courante, chaque hectare permet de réaliser environ 1,500 francs ou 2,000 francs de produit brut. C'est là un chiffre bien rarement atteint en agriculture; et, on peut dire, sans indiscrétion coupable, que le produit net correspondant est également remarquable. Nous ne croyons pas qu'il existe aujourd'hui une culture plus rémunératrice et plus brillante que celle de la vigne dans l'admirable région dont nous venons de parler. C'est bien aux viticulteurs du Languedoc que s'appliqueraient certains vers de Virgile que nous ne citerons pas parce qu'ils sont trop connus.

Il est, pourtant, question de faire encore quelque chose pour les viticulteurs. Nous voulons parler de l'emploi des levures pures et sélectionnées pour la fermentation du raisin, ou, plus exactement, du moût de raisin.

Nous allons essayer d'indiquer rapidement l'intérêt de cette question.

Tout le monde sait que des raisins jetés dans une cuve entrent au bout de peu de temps en fermentation. La masse tout entière s'échauffe, sous l'influence d'un agent spécial qui transforme en vin le liquide doux et sucré que l'on nomme le moût de raisin. Le goût, l'aspect et l'odeur du moût changent, sans doute, durant la fermentation, mais le fait caractéristique est certainement la transformation du sucre en alcool. Comment expliquer ce phénomène ?

Lorsqu'on examine au microscope une gouttelette de moût en fermentation, on aperçoit un grand nombre de corpuscules ronds, ovales, ou elliptiques plus ou moins allongés. Ces corps vivants, susceptibles de se multiplier sous nos yeux, isolés en globules, ou réunis en chapelets, constituent précisément l'agent ou mieux les agents de la fermentation ; ce sont les levures. Il ne faut pas croire, cependant, qu'elles existent seules et se développent librement au sein des moûts qui constituent un excellent milieu de culture. Mêlés aux levures, d'autres corpuscules, plus petits, existent aussi. Ce sont des mycodermes qui peuvent transformer, à leur tour, le vin en vinaigre, ou lui faire subir des altérations dangereuses.

La qualité du vin dépend du développement plus ou moins rapide des bonnes levures étouffant, en quelque sorte, ou gênant dans leur développement les autres ferments. Pour obtenir une fermentation parfaite, il suffirait, semble-t-il, d'éliminer les ferments nuisibles, et de conserver seulement ceux dont l'action doit permettre dans les meilleures conditions de rapidité, de régularité, et surtout de qualité, la transformation du jus de raisin en vin.

M. Pasteur eut, le premier, l'idée d'isoler ainsi

des ferments différents et d'étudier séparément leur action. Ses admirables travaux ont immédiatement éclairé, d'une lumière bien vive et toute nouvelle, la question des fermentations. C'est lui qui montra, par exemple, aux fabricants de bière que la fermentation du liquide alcoolisable dont ils se servaient donnait à la bière fabriquée un goût variant avec les levures qui l'avaient déterminée.

Depuis cette époque, la voie a été tracée, et l'emploi presque exclusif des levures pures dans les brasseries fut la conséquence des découvertes du savant français.

Est-il possible d'appliquer à la fabrication du vin les procédés employés déjà, avec un succès incontesté, pour la fabrication de la bière? Tel est le problème dont on recherche aujourd'hui la solution. En réalité, la question est double, c'est-à-dire qu'on peut l'étudier à deux points de vue également intéressants.

Comme nous l'avons dit plus haut, avec intention, il n'existe pas seulement un ferment (ou levure) destiné à transmuer le jus du raisin en vin, il s'en trouve un grand nombre répandus un peu dans tous les lieux et plus particulièrement à la surface des grappes, dans les appareils vinaires, etc., etc. Parmi ces levures, n'en est-il pas de meilleures les unes que les autres? On ne saurait le nier. Voici par exemple les résultats qu'a obtenus dernièrement M. Kayser avec un même jus de raisin ensemencé au moyen de différentes levures :

La levure	(*a*)	fait disparaître	19.64 0/0	de sucre.
—	(*b*)	—	16.63	—
—	(*c*)	—	15.70	—
—	(*d*)	—	4.70	—

Les quantités d'alcool produites par la transformation plus ou moins complète du sucre sont donc fort différentes, et c'est là pour les viticulteurs une question singulièrement importante.

La rapidité de la fermentation, sa régularité, et l'élévation de la température sont également très différentes suivant que certaines levures agissent à l'exclusion de leurs voisines.

Voilà déjà un groupe de faits du plus haut intérêt, qui constitue un premier sujet d'étude. C'est à ce premier point de vue qu'on peut se placer pour examiner la question de l'emploi des levures sélectionnées. Il y a plus. On a cru remarquer qu'en se servant de levures empruntées aux raisins de certaines régions, il était possible de communiquer à des moûts étrangers le « bouquet » spécial que possèdent les vins fabriqués habituellement et de temps immémorial avec ces levures indigènes.

On devine sans peine l'intérêt de cette observation. Ne serait-il pas possible de donner aux raisins d'Argenteuil traités avec des levures très distinguées le goût du Pomard ou du Haut-Brion? Les incrédules vont sourire, mais quelques faits scientifiques bien établis donnent, au moins, quelque vraisemblance aux espérances des rêveurs dont ils se moquent. M. Pasteur, le premier, croyons-nous, montra qu'en faisant fermenter un moût de brasserie avec de la levure de vin on obtenait un liquide alcoolique qui avait un goût vineux. Avec une levure de vin de Champagne, M. Duclaux observa fort souvent qu'il communiquait à un liquide alcoolisable le « bouquet » caractéristique des vins de cette région. — M. Kayser, après avoir ensemencé de l'eau sucrée, et même de l'eau de Seine tout simplement, avec des levures prises dans du jus d'ananas en fermentation, reconnut que le liquide alcoolique obtenu dégageait une odeur caractéristique rappelant l'origine du ferment. Après de semblables expériences, n'est-il pas défendu de sourire et ne doit-on pas, comme les pyrrhoniens, douter que l'on doute? En tous cas, l'amélioration du goût des vins au moyen de levures choisies nous paraît constituer un second problème, un nouvel aspect de la question générale que nous traitons en ce moment.

Lorsqu'il s'agit de passer des expériences de laboratoire aux applications industrielles, les difficultés se multiplient. On ne peut songer, en effet, à stériliser, tout d'abord, les moûts de raisin, et l'emploi des levures pures reste par conséquent sans efficacité certaine puisqu'il y a lutte entre celles-ci et les ferments apportés par la vendange. Cette lutte est même inégale et les levures étrangères introduites dans les cuves doivent se développer avec plus de difficultés que leurs rivales. Les levures indigènes sont, en effet, adaptées, la plupart du temps, au milieu dans lequel elles doivent vivre et se multiplier.

Il n'en est pas de même pour les ferments importés du dehors.

Au Congrès de Montpellier, dont nous avons parlé plus haut, M. Kayser, le très distingué chimiste du laboratoire de l'Institut agronomique, insistait sur cette question de l'adaptation des levures, et il disait avec beaucoup de raison :

« Quelles sont les levures à essayer ? La règle générale sera de n'employer que les levures dont on connaîtra bien les exigences au point de vue du sucre, de l'acidité, de la température, etc., pour réussir à voir, par l'étude sommaire et préalable du moût, si elles conviennent ou non. Deux vignerons, ayant à peu près les mêmes moûts et placés dans des conditions analogues, feront bien d'employer les mêmes levures, et il y a précisément de ces levures qui sont toutes trouvées, qui sont appropriées et acclimatées; elles ne demandent qu'à être sélectionnées pour rendre des services.

« C'est là l'avenir; ce sont les levures indigènes. »

Cette opinion nous paraît fort raisonnable et

les conseils de M. Kayser sont excellents. Il n'existe pas encore, malheureusement, des laboratoires dans lesquels on prépare pour chaque région des levures indigènes sélectionnées. Les levures livrées par les industriels qui les préparent dès aujourd'hui en grande quantité, ne présentent pas toutes les garanties désirables parce qu'elles ne sont pas adaptées au milieu spécial où elles devront vivre et agir.

Nous croyons, cependant, qu'il serait très intéressant et très utile de faire des expériences et des essais répétés sans se laisser décourager par un premier échec. Deux méthodes nous paraissent recommandables à des titres différents. On peut, tout d'abord, se servir des levures pures du commerce employées directement en quantités suffisantes. En second lieu, on peut multiplier soi-même, avec des soins convenables, les levures du commerce en les faisant vivre dans un moût préparé, mais presque entièrement semblable à celui dans lequel elles devront exercer plus tard leur action. Essayons de préciser. — Pour se servir uniquement des levures sélectionnées fournies par un industriel, il suffit de les répartir uniformément sur chaque couche de raisins tombant dans la cuve. Chacun de ces lits de vendanges sera ainsi soumis à l'action des levures de choix.

Quant aux quantités de ferments à employer par quintal ou par hectolitre de raisin frais, il nous est difficile d'indiquer un chiffre précis. On devra s'en rapporter aux indications fournies par le négociant qui aura livré les levures. L'expérience permettra de corriger ces indications. En opérant sur des masses peu considérables de vendanges, les essais seront peu coûteux, tout en étant suffisamment concluants. Ce qu'on doit certainement éviter, c'est d'arroser simplement les cuves déjà pleines avec le liquide renfermant les levures sélectionnées. La répartition par couches successives de ces dernières est assurément recommandable.

Voici, maintenant, comment nous concevons l'application de la seconde méthode. On sait que de bons vignerons préparent des « pieds de cuve », c'est-à-dire de bonnes levures indigènes, en choisissant des raisins bien mûrs, et en les faisant fermenter, à part, quelques jours avant les vendanges. Le moût en fermentation ainsi préparé sert à arroser, couche par couche, les raisins jetés dans les cuves, et l'on constate, en général, que ce procédé assure une fermentation plus rapide, plus régulière et plus satisfaisante de toutes façons.

Supposons que l'on verse une quantité largement suffisante de levures industrielles sélectionnées sur un hectolitre ou deux de jus de raisins bien mûrs, pressés et égrappés avec soin; supposons, en outre, qu'au bout de 24 ou de 36 heures le moût en fermentation, dans lequel les bonnes levures se seront multipliées, soit versé, peu à peu, sur chaque lit de vendanges dans les cuves; n'est-il pas vrai que l'on aura ainsi préparé soi-même, et multiplié des ferments de choix, mieux adaptés au milieu spécial dans lequel ils devront vivre ? Voilà comment on peut concevoir et appliquer la seconde méthode dont nous parlions tout à l'heure.

En employant simultanément ces deux procédés, et en comparant les résultats obtenus avec ceux auxquels conduit la méthode ordinaire, on aura une première indication, ou plus exactement, une première série d'indications.

Il nous paraît fort difficile de se prononcer, dès à présent, sur cette question très délicate et très mal connue de l'emploi des levures dites pures pour la fabrication des vins. Les avis sont fort partagés. Certains viticulteurs du Midi nous ont affirmé qu'ils n'avaient qu'à se louer de leur usage, le goût et la valeur marchande de la récolte ayant été très heureusement influencés par l'action spéciale des ferments sélectionnés tels que le commerce peut les livrer. Les résultats obtenus ailleurs n'ont pas été favorables. Il convient donc d'expérimenter et d'observer avant de conclure.

Puisque nous parlons aujourd'hui de la vigne et des vins, il nous semble utile de signaler à nos lecteurs une excellente étude de M. Müntz, publiée dans le dernier numéro des *Annales agronomiques* (1), et relative à l'utilisation des marcs de vendange.

(1) *Annales agronomiques*, dirigées par M. Dehérain, de l'Académie des sciences, professeur à l'Ecole de Grignon. — Paris, Masson, éditeur.

Sous le nom de « marcs », nous désignons, comme on le fait habituellement, la masse qui sort du pressoir et qui contient les grappes d'où le vin est sorti. Le poids de marcs obtenu varie évidemment par hectare avec l'abondance des récoltes de raisins. En Champagne, M. Müntz estime qu'il atteint 670 kilogr. à l'état frais, c'est-à-dire au sortir du pressoir. Dans le Midi, ce chiffre est de beaucoup dépassé. Voici le tableau qui se rapporte aux récoltes de quatre domaines situés dans l'Hérault et le Gard.

Les rendements en vin sont également considérables, et nous les citons volontiers pour confirmer les faits avancés au début de cet article.

	Vin par hectare. — hectol.	Marc frais par hectare. — kilogr.
Domaine de Guilhermain	112	1.680
— Candillargues.	102	1.570
— Saint-Laurent-d'Aigouzes (submersion). . .	190	2.841
— Jarras	132	2.588
— Labrousse	143	1.785

Le poids des marcs est donc tres élevé, et il est intéressant de savoir comment on peut utiliser ces résidus de fabrication.

M. Müntz a recherché, tout d'abord, quelle était la quantité de vin restée dans les marcs, malgré la pression à laquelle ils avaient été soumis. Cette quantité est fort notable ; elle varie de 10 à 15 0/0 du vin recueilli dans les domaines du Midi, que nous venons de citer, et peut même s'élever à 19 0/0 dans d'autres propriétés voisines. En Champagne, ce rapport s'élève à 18 0/0, d'après les moyennes établies par l'auteur. On peut fabriquer de l'alcool avec des marcs encore imprégnés d'une grande quantité de vin ; ou obtenir, à l'aide d'une seconde fermentation, des vins de sucre.

Dans le Midi il est préférable de faire des piquettes qui seront consommées en nature ou distillées ultérieurement. Pour bien conduire cette fabrication, M. Müntz conseille le procédé suivant : « Cette méthode consiste à mettre dans des cuves en bois le marc à mesure qu'il sort du pressoir, à le diviser à la bêche, à le tasser fortement par le piétinement, et, lorsque la cuve est remplie, à pratiquer des arrosages à l'aide d'un arrosoir muni de sa pomme, de façon à répartir uniformément l'eau sur toute sa surface. Ces arrosages sont intermittents; ils n'opèrent pas à proprement parler un lavage, mais, ce qui est bien mieux, un déplacement. Lorsque les premières parties du liquide commencent à s'écouler par le bas, ce n'est pas un liquide dilué qu'on obtient, mais bien le vin lui-même qui imprégnait le marc, non mélangé, ou tout au moins très faiblement mélangé à l'eau qui a servi au déplacement. Dans cette opération, il faut savoir conduire les arrosages.

« Quand ceux-ci se font à intervalles trop rapprochés, le déplacement est moins parfait et l'eau se mélange au vin. Si, au contraire, ils sont trop espacés, le marc s'échauffe par la fermentation qui s'établit dans son sein et les piquettes s'aigrissent. On est averti de cet inconvénient par la température du liquide qui s'écoule et qui doit toujours être froid. Il est facile de dresser un ouvrier à cette besogne.

« Lorsque l'opération est bien conduite, on obtient d'abord une piquette dont la composition s'éloigne très peu de celle du vin de presse, dont elle a d'ailleurs le goût âpre dû au séjour sur les marcs. Puis, viennent des piquettes plus faibles qui vont servir à l'arrosage, par le même procédé, de marcs non épuisés. On s'arrête lorsque les liquides qui s'écoulent n'ont plus qu'un titre alcoolique de moins de 1 degré. »

En employant le procédé qui vient d'être décrit, on a pu retirer de 48,583 kilogr. de marc provenant de carignane, d'aramon et d'alicante-bouschet les quantités suivantes de piquettes.

Piquette à	9 0/0	d'alcool . . .	90	hectol.
—	8 0/0	— . . .	102	—
—	7 0/0	— . . .	120	—

Le vin récolté avait une richesse alcoolique de 10°,5. On voit que le procédé indiqué par M. Müntz et utilisé par lui peut donner d'excellents résultats. « La conservation de cette piquette, dit-il, a été parfaite ; mais il faut avoir la précaution de ne pas laisser en vidange les vaisseaux qui la contiennent. L'accès de l'air la fait aigrir, comme, du reste, le vin naturel lui-même. »

Voilà certainement d'excellentes indications dont beaucoup de viticulteurs pourraient faire leur profit.

Une fois épuisés, les marcs de vendange ne

peuvent-ils pas être encore utilisés? M. Müntz pense qu'il conviendrait de s'en servir surtout pour l'alimentation des animaux de ferme; et, c'est là, en ce moment, une précieuse ressource qu'il ne faut pas négliger.

Les marcs épuisés sont encore fort riches au point de vue alimentaire. Le lavage n'a fait disparaître que l'alcool et quelques principes solubles. Des analyses comparatives, portant sur des marcs au sortir du pressoir, et après la fabrication des piquettes, ne laissent aucun doute à cet égard. En mélangeant les marcs avec 5 0/0 de leur poids de sel gris (dénaturé pour le bétail), et en tassant fortement la masse dans des cuves en bois, on conserve fort bien un aliment excellent que les animaux consomment sans difficulté.

BIBLIOGRAPHIE

Pour étudier la question de la fermentation alcoolique, et de la vinification, consulter :

Etudes sur la bière, avec une théorie nouvelle de la fermentation, par L. Pasteur. 1 vol. in-8°. Gauthier Villars. Paris.

Dictionnaire d'Agriculture, dirigée par A. Barral et H. Sagnier, article : Vinification. Paris, Hachette.

Les vignobles et les vins, par P. Mouillefert, professeur à l'Ecole de Grignon. 1 vol. in-8°, Paris, Librairie agricole de la Maison rustique.

Vigne et vinification, par J. Guyot. 1 vol., Librairie agricole de la Maison rustique, Paris.

XIV

Les irrigations. — Rôle de l'eau dans la vie de la plante. — Les irrigations dans le midi de la France. Opinion de Barral et de Gasparin. — Les travaux de M. Chambrelent. — Les irrigations dans l'ouest et le centre de la France. — La technique des irrigations et le livre de M. Ronna.

On a beaucoup souffert cette année de la sécheresse. Les récoltes de nos prairies ont été, pour cette raison, gravement compromises; le prix du foin s'est élevé à 200 francs la tonne, c'est-à-dire au double des cours pratiqués durant les années favorables, et la conséquence inévitable de la disette de fourrages a été l'avilissement du bétail. Serait-il possible de remédier, dans beaucoup de cas, à une pareille situation, et de prévenir les effets désastreux d'une sécheresse persistante?

Il ne faut pas hésiter à l'admettre; c'est l'irrigation bien comprise, pratiquée avec intelligence, qui peut, fort souvent, multiplier nos ressources fourragères et assurer une régularité suffisante aux précieuses récoltes de nos prairies. La question des irrigations est donc une question d'actualité, qui présente, en même temps, un intérêt général et permanent de premier ordre. Tel est le double motif qui nous pousse à la traiter aujourd'hui.

On ignore généralement, dans le public, combien est considérable la quantité d'eau dont les plantes ont besoin pour vivre et se développer. Quand on veut se rendre compte de leurs exigences à ce point de vue, il suffit de répéter l'expérience fort simple qu'indique M. Dehérain dans son beau livre sur la chimie agricole (1). On fixe dans un tube de verre, au moyen d'un bouchon fendu dans sa longueur, une feuille bien verte, longue et étroite comme celle d'une graminée de prairie ou d'une céréale; on expose ensuite la feuille, enfermée de cette façon, aux rayons du soleil, et l'on ne tarde pas à voir le verre se couvrir d'une buée. Celle-ci se condense bientôt en gouttelettes fines qui roulent, peu à

(1) P.-P. Dehérain, *Traité de chimie agricole*, in-8°, 1892. — Paris, Masson, éditeur.

peu, au fond du tube. Il suffit, ensuite, de noter la durée de l'expérience, le poids d'eau recueillie, et le poids correspondant de la feuille ou sa surface, pour connaître les principaux éléments du problème. On a constaté, à maintes reprises, qu'une feuille bien verte pouvait, en une heure, évaporer une quantité d'eau égale à son propre poids. Un chimiste distingué, Haberlandt, s'est attaché à calculer la quantité d'eau évaporée par quelques plantes, durant leur croissance, sur une surface d'un hectare. Il est arrivé aux résultats suivants qu'il nous paraît utile de citer :

	Quantité d'eau évaporée par hectare pendant la croissance de diverses graminées.
Blé.	1.179.000 kilogr.
Seigle	835.000 —
Orge.	1.236.000 —
Avoine.	2.277.000 —

Les plantes de prairies évaporent, elles aussi, des quantités d'eau considérables qui traversent les tissus de la plante et lui permettent d'y retenir au passage une partie des élément nécessaires à son développement normal. L'évaporation de l'eau par les feuilles, connue en physiologie végétale sous le nom de phénomène de la « transpiration », présente un très grand intérêt dans la pratique agricole.

L'eau évaporée vient certainement du sol, et il est par conséquent indispensable que celui-ci puisse fournir aux racines un poids d'eau qui soit au moins égal à celui que la plante évapore. Si l'équilibre est rompu, si la plante évapore plus d'eau qu'elle n'en reçoit, on voit ses feuilles affaissées et comme meurtries retomber sur le sol ou le long de la tige. Non seulement le végétal languit lorsqu'il est privé d'eau, mais on constate, en outre, que, durant la période de souffrance dont nous parlons, l'énergie des cellules à chlorophylle décroît. L'assimilation du carbone ne se produit plus, et la croissance de la plante est arrêtée.

L'intensité des radiations solaires exerce sur l'activité de la « transpiration » une influence très sensible. Le poids d'eau évaporée peut décupler lorsque la plante passe de l'obscurité à la lumière vive des rayons solaires, et diminuer de moitié, au contraire, lorsque le ciel est couvert. On conçoit donc, sans peine, combien les exigences des végétaux s'accroissent rapidement lorsque, la pluie venant à faire défaut, le ciel reste très clair et la lumière très vive pendant une longue période. Pour résister à la sécheresse, les végétaux enfoncent toujours leurs racines plus profondément dans le sol jusqu'à ce que celles-ci atteignent des couches nouvelles retenant encore une plus grande quantité d'eau. Nous avons montré dernièrement que les céréales elles-mêmes, contrairement à une opinion trop répandue, étaient capables d'enfoncer leurs radicelles jusqu'à $1^m,50$, $1^m,80$ et même 2 mètres de profondeur.

Un botaniste, M. Wolkens, a publié sur cette question des notes très curieuses prises au cours d'un voyage en Egypte et en Arabie. « Un des caractères les plus saillants des plantes du désert, c'est, dit-il, la longueur demesurée des racines. On ne peut réussir à déterrer entièrement une seule plante vivace; ce qu'on peut constater, c'est qu'à un ou deux mètres de profondeur la racine est plus mince qu'au collet. Un exemplaire de *Calligonum Comasum* dont les parties aériennes ne dépassaient pas la longueur de la main, avait une racine de la grosseur du pouce. A 1^{m},50 de profondeur, la racine était encore de la force du petit doigt, de sorte qu'il faut admettre que la longueur de la racine dépasse au moins vingt fois celle de la partie aérienne. Certaines plantes ne doivent leur existence dans ces contrées brûlées qu'à la longueur extrême de leur système radiculaire. C'est ainsi que la *coloquinte*, avec ses grandes feuilles délicates dépourvues de toute protection contre la transpiration, résiste dans ce milieu où un rameau détaché de la même plante se fane en cinq minutes. »

Ce que M. Wolkens dit des plantes du désert est exact encore pour celles de nos contrées, toutes les fois que la privation d'eau les oblige à lutter pour vivre en cherchant dans les profondeurs du sol ce qu'elles ne peuvent rencontrer à la surface, c'est-à-dire de l'eau. La pratique des irrigations, en fournissant l'humidité nécessaire, régularise et accroît la production. Dans le midi de la France, par exemple, et dans le nord de l'Italie, l'eau abondamment et judicieusement distribuée aux prairies permet d'obtenir des rendements considérables mais non pas extraordinaires. Dans

Vaucluse, un pré irrigué ou une luzernière peut donner de 12,000 à 15,000 kilogr. de foin sec par hectare et par an. Au prix de 10 fr. le quintal, c'est là un produit qui représente la somme considérable de 1,200 ou 1,500 fr. par hectare. M. Barral, dans un de ses remarquables rapports sur les concours d'irrigation, a constaté, dans le même département, des rendements s'élevant à 17,000 kilogr., pour des prairies permanentes, et à 19,000 kilogr., en cinq ou six coupes pour des luzernes.

Dans son livre sur les irrigations des Bouches-du-Rhône, il s'exprime ainsi :

« Le produit brut des terres arrosées est de 1,500 fr. à 3,500 fr. par hectare, au lieu de 200 fr. à 500 fr. ou 600 fr. à peine, pour les meilleures terres arrosées qui n'ont pas l'avantage de l'irrigation. Le revenu net de l'hectare des terres est, tous frais payés, de 200 fr. à 500 fr. et même davantage, souvent quintuple de celui des terres similaires non soumises à l'arrosage. La valeur de la propriété s'accroît, par le fait de l'introduction des irrigations, dans une proportion analogue ; la plus-value correspond au capital d'une rente moyenne de 350 fr. par hectare arrosé, soit 10,000 fr., au revenu de 3.5 0/0 et 7,000 au revenu de 5 0/0. Ce ne sont pas des chiffres exagérés, et la plus-value vient, en même temps, favoriser toutes les terres du domaine dont chaque hectare vaut davantage par le seul fait du voisinage des arrosages et par une sorte d'action réflexe. »

Les *marcites* de la Lombardie irriguées même durant l'hiver grâce à la température élevée (12°) des eaux dont on dispose, peuvent donner également de 18,000 à 19,000 kilogr. de foin sec à l'hectare par année moyenne.

Le comte de Gasparin, dont on ne peut contester ni la compétence ni la bonne foi, dit, à ce propos, dans son *Cours d'agriculture* : « A Pierrelatte, nous avons vu 14 hectares de terrain graveleux et sablonneux provenant d'un bois défriché et ayant coûté 18,000 fr., produire en une seule année, par le moyen des irrigations du canal de Donzère, 350,000 kilogr. de luzerne d'une valeur de 18,000 fr., prix d'achat du terrain. » Certes, nous ne prétendons pas que l'on puisse obtenir toujours dans le Midi de pareils résultats.

Il faut, le plus souvent, borner ses désirs et se contenter de rendements moins élevés correspondant à de moindres profits. Il est bon, cependant, de savoir quels résultats merveilleux on peut obtenir dans ces régions au moyen de l'irrigation. Combien il serait désirable que l'initiative individuelle, soutenue et encouragée, au besoin, par l'appui intelligent des communes, des départements, ou même de l'État, multipliât les canaux d'irrigation! A une époque où les capitaux trouvent une rémunération si faible dans les placements ordinaires, on est en droit de s'étonner que des capitalistes avisés, associés à des propriétaires intelligents, n'entreprennent pas sur des surfaces étendues une œuvre qui serait, tout à la fois, utile et fructueuse : celle de l'utilisation des sources et cours d'eau pour l'irrigation. Même dans nos départements du Midi où l'on a sous les yeux plusieurs exemples frappants des avantages de ce procédé de culture, on attend, depuis trop longtemps, son emploi habituel et sa vulgarisation. M. de Gasparin cite un cas bien curieux de l'opposition qui existe, parfois, entre les intérêts de l'industrie et ceux de l'agriculture au point de vue de l'utilisation des cours d'eau. C'est là un côté de la question qu'il est bon de ne pas laisser dans l'ombre.

« A Orange, dit-il, une petite rivière, la Meyne, a été destinée par d'anciens statuts à desservir les moulins et les usines pendant six jours de la semaine; seulement, pendant vingt-quatre heures, du samedi soir au dimanche soir, ses eaux sont consacrées à l'irrigation. L'étendue des terrains arrosés par ces eaux est de 258 hectares; si l'on pouvait les employer pendant les six autres jours on arroserait donc en plus 1,548 hectares qui, au lieu de 124 francs par hectare, produiraient 250 francs; c'est une augmentation de 195,048 francs de revenu. Ces eaux mettent en mouvement sept usines dont le revenu moyen n'est pas de 30,000 francs. Voilà les avantages que l'agriculture peut tirer des eaux mis en parallèle avec ceux qu'en retirent les industries auxquelles on l'a sacrifiée. »

Tout ce que nous venons de dire paraît concerner exclusivement les contrées méridionales, et l'on serait tenté de croire que, dans le Nord, l'irrigation n'est pas appelée à rendre les mêmes services. C'est là une erreur, et une erreur grave, parce qu'elle tend à retarder des progrès fort importants.

En parlant de la Campine belge dont l'aridité est bien connue, voici ce qu'écrivait M. Hervé-Mangon : « Un grand canal devant servir à la fois à la navigation et à l'irrigation porte les eaux de la Meuse sur une partie du pays. Ce canal, les rigoles principales d'alimentation, et les chemins d'exploitation sont exécutés par l'État ; ils constituent ce qu'on appelle les travaux préparatoires. Les billonnages, les rigoles secondaires et la mise en culture sont laissés aux particuliers, sous la direction et la surveillance des agents du gouvernement. Déjà plus de 3,000 hectares sont en pleine culture. Les données fournies par une vaste expérience peuvent être regardées comme parfaitement établies et servir de base aux calculs les plus positifs.

« La dépense des travaux préparatoires à l'irrigation s'élève, en moyenne, à 130 fr. environ par hectare. Les travaux de mise en culture convenablement dirigés s'élèvent au plus à 600 fr. ou 700 francs par hectare, et quelquefois à beaucoup moins, de sorte que le prix de revient d'un hectare de prairie, y compris l'achat du terrain, ne dépasse pas 1,000 ou 1,200 fr. Le revenu net de l'hectare de prairie, irriguée dans les plus mauvaises conditions, ne s'élève pas, à partir de la seconde année, à moins de 130 à 150 francs.

« Les capitaux placés dans les opérations agricoles de la Campine rapportent, par conséquent, de 10 à 15 0/0 par an. Les bruyères de la Campine se vendaient, en 1830 ou 1835, de 15 à 20 francs l'hectare. Ce prix s'éleva, en 1840, en prévision de la prochaine exécution des travaux, à 40 francs. Aujourd'hui, le prix de l'hectare varie de 250 à 400 francs, déduction faite des sommes avancées par l'État pour les travaux préparatoires. Le prix des terrains incultes s'est donc accru de plus de 200 francs par hectare, grâce aux travaux préparatoires. »

L'Angleterre elle-même, malgré l'humidité naturelle de son climat, possède des prairies irriguées, et l'eau, distribuée avec intelligence, en accroît les produits aussi bien qu'en Belgique.

Dans l'est de la France, dans les Vosges comme dans la Franche-Comté, à l'Ouest ou au Centre, en Bretagne aussi bien que dans le Limousin ou l'Auvergne, les irrigations rendent des services analogues, augmentent les récoltes et en assurent la régularité.

M. Chambrelent, dont le nom est inséparable des beaux et utiles travaux d'assainissement et de plantation des landes de Gascogne, a consacré une part de sa vie à l'extension des irrigations dans les Basses-Alpes, puis dans la Haute-Vienne. Les résultats obtenus dans ces régions ont été excellents (1). Certes, on ne doit pas oublier ces travaux si féconds; mais combien restent encore à accomplir sur tous les points de notre territoire!

Dans la plupart des cas, les eaux destinées à l'irrigation ne renferment qu'une faible quantité de matières fertilisantes. Elles sont, en outre, très pauvres en éléments utiles qui pourraient compléter les terres qu'elles doivent féconder. Cela se comprend aisément. Dans les pays granitiques, les sources et cours d'eau ne coulent

(1) *Les irrigations en France de* 1866 *à* 1886, par M. Chambrelent. — Paris, Rousseau, 1889.

qu'au travers d'un sol pauvre en acide phosphorique ou en chaux. Elles ne contiennent, donc, que des traces de ces substances indispensables au développement des végétaux. Dans les pays où dominent les schistes et les grès comme dans le Maine, l'Anjou et une partie de la Bretagne, il en est encore ainsi. On ne saurait donc se dispenser, dans presque tous les cas, de répandre sur les prairies irriguées des fumures complémentaires. Employées seules, les eaux d'irrigation ne pourraient assurer les rendements élevés et les profits qu'on obtient, au contraire, en combinant l'action de l'eau et celle des engrais. C'est là une vérité trop souvent méconnue. Beaucoup d'agriculteurs croient encore qu'il suffit d'arroser une prairie pour améliorer la qualité des foins et accroître les rendements. Cette illusion ne peut que leur donner des déceptions et leur faire douter de l'efficacité des irrigations.

Certes, le fumier de ferme ne doit pas être dédaigné, et il peut utilement être répandu sur les prairies. On doit le compléter, en outre, en incorporant au sol des prairies, suivant les cas, des phosphates, de la chaux, ou de la potasse.

Barral, qui a fait sur les irrigations en France des études très remarquables, insiste avec raison sur cette nécessité de l'emploi des engrais et sur les conséquences heureuses de leur action au point de vue des rendements et de la richesse des fourrages récoltés. Nous ne saurions mieux faire que de citer ses paroles :

« L'avantage de répandre en abondance les engrais nécessaires lorsqu'on irrigue, même avec les eaux qui passent pour les meilleures, est double : la récolte est à la fois plus considérable en poids, et meilleure en qualité. Toutes les analyses que nous avons faites, toutes les observations que nous avons recueillies confirment ce résultat d'une haute importance, surtout pour le cultivateur qui fait consommer par son bétail ou par son personnel les denrées qu'il récolte. On n'a pas encore l'habitude, dans les achats de fourrages, de s'occuper de la richesse nutritive des foins; on se contente d'examiner les qualités extérieures souvent trompeuses, de voir les herbes dont le fourrage se compose, ce qui bien des fois ne signifie rien. On devra aller plus loin dans les transactions. Si l'on engraisse du bétail, on peut facilement reconnaître que l'herbe d'une prairie convenablement fumée est autrement nutritive, et donne des résultats bien plus rapides que l'herbe d'un pré qui vit de l'eau et de l'air du temps. Cela est vrai pour les autres récoltes, pour les céréales notamment, pour les raisins aussi, pour les cultures maraîchères. Quant à la vigne, on a soutenu longtemps qu'il ne fallait pas lui donner d'engrais, qu'il ne fallait pas non plus l'arroser. Les observations faites dans le Midi, durant ces dernières années, ont démontré l'erreur de ces anciennes doctrines, à la condition, bien entendu, qu'il n'y ait pas d'abus. En toutes choses il y a une mesure, et il faut savoir bien appliquer les principes. Sous cette réserve, on peut dire qu'un grand progrès est réalisé dès qu'on combine ensemble l'eau et l'engrais dont on dispose, avec la chaleur du soleil et les météores atmosphériques dont on n'est pas maître. *Alors, il n'y a pas de mauvaises années.* »

Cette dernière ligne mérite d'être lue avec attention. N'est-il pas certain, en effet, que la régularité des rendements constitue pour le cultivateur un avantage précieux ?

Pour compléter l'étude cette question si importante des irrigations, il nous resterait à parler des procédés d'exécution ou de la technique de l'emploi de l'eau sur le terrain. C'est là, malheureusement, une étude fort longue qui nous obligerait à entrer dans des détails que nous ne croyons pas à leur place ici. On trouvera dans des ouvrages spéciaux les indications complètes qui sont nécessaires. Bornons-nous à signaler l'ouvrage très complet et très instructif de M. Ronna dont nous avons déjà parlé, et les excellents rapports de Barral sur les concours d'irrigation en France, sur les irrigations dans la Haute-Vienne, etc., etc.

Avec chaque domaine, et chaque situation particulière, les méthodes doivent varier, et le tact éclairé du praticien doit s'exercer à résoudre un problème, toujours nouveau, dont les données ne peuvent être indiquées à l'avance.

Ce que nous avons essayé de montrer aujourd'hui, ce sont les avantages économiques de l'irrigation. Les considérations d'ordre financier l'emportent, en effet, sur toutes les autres, et, avant même de montrer comment on peut irriguer une prairie, il est indispensable de se demander quel sera le profit obtenu à l'aide de cette amélioration foncière d'un caractère spécial. On ne saurait trop le répéter : la production n'est pas un but, mais un moyen. Une opération agricole doit être lucrative pour mériter d'être recommandée.

Aujourd'hui, de nombreux exemples nous prouvent que l'irrigation est à fois utile et profitable.

BIBLIOGRAPHIE

J. A. Barral. — **Les irrigations dans les Bouches-du-Rhône; — les irrigations dans Vaucluse; — l'agriculture et les irrigations de la Haute-Vienne; — Rapports au ministre de l'agriculture sur les concours d'irrigation** (1876-1877).

Les irrigations de la vallée du Pô, par A. Hérisson.

Cours d'agriculture, par le Comte de Gasparin. (T. I.)

Les irrigations, par A. Ronna. 1 vol. in-8°. Paris, Firmin-Didot.

Herbages et Prairies naturelles, par A. Boitel. 1 vol. in-8°, Paris, Firmin-Didot.

XV

La contribution foncière en France. — Diminution du principal depuis 1791. — Réduction du total de l'impôt par rapport au revenu net de la propriété non bâtie. — L'impôt foncier en Belgique, en Hollande, en Prusse, en Autriche, en Italie, en Angleterre. — Comparaisons avec la France. — La suppression du principal de l'impôt foncier en France. — Cette opération intéresse la grande propriété rurale et non l'industrie agricole.

Il y a trois ans, la loi du 8 août 1890 accordait aux propriétaires ruraux un dégrèvement de 15 millions de francs portant sur le principal de la contribution foncière dans 82 départements. Cette diminution peut paraître modeste au premier abord; mais, si l'on veut bien songer que le montant du principal de la contribution foncière s'élevait seulement à 118 millions de francs pour la France entière, on voit que la réduction opérée représente 12 0/0 du total de l'impôt. C'est là un sacrifice considérable consenti au profit des propriétaires ruraux. Il est à remarquer, d'ailleurs, que la charge fiscale représentée par le principal de l'impôt foncier a toujours diminué depuis l'établissement de cette contribution en 1790. Après de nombreux dégrèvement opérés de 1791 à 1821, après la diminution considérable accordée également en 1851, le principal de la contribution foncière pour la *propriété rurale* ne représente probablement pas aujourd'hui les trois quarts de la somme à laquelle les législateurs de la Constituante l'avaient primitivement portée. Voici, par exemple, les chiffres qui se rapportent au contingent en principal depuis 1791 jusqu'à 1851 :

1791.	240	millions	de francs.
1797.	218	—	—
1798.	207	—	—
1799.	189	—	—
1802.	183	—	—
1802.	174	—	—
1805.	172	—	—
1819.	168	—	—
1821.	154	—	—
1851.	155	—	—

On peut constater à la seule inspection des chiffres de ce tableau, la diminution du principal de l'impôt foncier. Cette réduction s'appliquait, en même temps, aux propriétés non bâties et aux propriétés bâties, parce que les contingents de ces deux catégories d'immeubles étaient encore confondus. C'est seulement en 1882 que la séparation fut opérée. A cette date, la portion du principal afférent aux terres fut fixée à 118 millions de francs, et la réduction ordonnée par la loi de 1890 abaisse, encore, ce chiffre à 113 millions seulement. En 1791, d'après les évaluations de Lavoisier et celles du comité d'imposition de la Constituante, le revenu des propriétés bâties ne représentait guère que le *quart* des loyers agricoles. En admettant même que cette évaluation soit inexacte, et en adoptant la proportion du tiers, on peut admettre que les terres supportaient les deux tiers de la contribution foncière, soit 160 millions. Ce contingent dépassait donc de 57 millions celui qui est assigné aujourd'hui à la propriété rurale. A une époque où les impôts s'accroissent, au contraire, avec une singulière rapidité, il est bien curieux, déjà, de constater la diminution du principal de l'impôt foncier. C'est là une réduction absolue; mais il ne faut pas oublier que le revenu net et la valeur locative des terres ont augmenté depuis la fin du dix-huitième siècle. Il résulte de ce fait que la contribution foncière a diminué d'une façon relative. Voici les chiffres très instructifs qui vont le prouver :

	Rapport du principal au revenu net.
1791	16.66 0/0
1821	9.79 —
1851	6.06 —
1862	5.15 —
1874	4.24 —
1879	4.49 —
1891	4 » —

En 1879, une grande enquête a déterminé les revenus de la propriété non bâtie, et a permis de calculer le rapport du principal au revenu net imposable correspondant. Précédemment, ce rapport s'appliquait à la propriété bâtie et non bâtie, dont les contingents étaient confondus. La décroissance du taux d'imposition n'en demeure pas moins démontrée. Aujourd'hui, la part que l'État prélève sur les revenus des biens-fonds ruraux ne dépasse pas 4 0/0! Elle est, donc, quatre fois moins considérable qu'en 1791. En supposant même que la crise agricole récente ait eu pour effet de diminuer d'un cinquième les loyers agricoles, la proportion dont nous venons de parler s'élèverait seulement à 5 0/0, et serait encore trois fois moins élevée qu'à la fin du dix-huitième siècle.

S'il paraît certain, et s'il est, en effet, bien établi que la part prélevée au profit de l'État dans le produit net des terres a décru progressivement en France depuis le commencement du siècle, il reste à savoir si les centimes additionnels départementaux et communaux, en s'ajoutant au principal, n'ont pas grevé, au contraire, les contribuables de charges plus lourdes que jamais.

Les chiffres suivants puisés à des sources sûres (1) répondront à cette question :

	Rapport du total de la contribution foncière au revenu net.
1791	20 0/0
1821	16 —
1851	10 —
1879	9 —

(1) Voir, notamment, l'enquête officielle de 1879-1881, sur les revenus de la propriété non bâtie, et un rapport de M. L. Say. (*Journal officiel* du 16 avril 1876).

Jusqu'en 1879, tout au moins, le total de la contribution foncière a donc diminué. Aujourd'hui, si le revenu net des biens-fonds ruraux a diminué de 20 0/0, le rapport correspondant à l'année 1879 doit être relevé d'un quart, et atteint, par conséquent, 11 0/0. Le fait important que nous tenions à mettre en lumière est donc bien nettement établi. L'impôt foncier ne s'est pas accru dans les mêmes proportions que les revenus sur lesquels il est assis, et la charge pesant, de ce chef, sur la propriété rurale, a diminué d'une façon absolue ou relative depuis un siècle.

Il est encore intéressant d'envisager la question de l'impôt foncier à un autre point de vue, et de se demander, par exemple, si cette charge fiscale est plus ou moins considérable que celle dont se trouvent grevés les biens-fonds ruraux des pays qui nous entourent. — On peut consulter à ce propos les documents récemment publiés en Angleterre, à la suite d'une enquête faite par les principaux représentants du gouvernement à l'étranger (1).

(1) *Report on the taxation of land in European Countries.* — Londres, 1890.

En Belgique, le taux de l'impôt foncier perçu au profit de l'Etat est de 7 0/0 du revenu cadastral des propriétés non bâties.

De nombreux centimes additionnels locaux s'ajoutent à ce principal. Voici quelle était, en 1890, la division du total de la contribution territoriale :

	Francs.
Principal perçu au profit de l'Etat. . .	13.183.000
Centimes additionnels provinciaux. . .	1.926.000
Centimes additionnels communaux. . .	5.621.000
Total	20.650.000

Le revenu cadastral des propriétés non bâties, en Belgique, s'élevant, d'autre part, à 187 millions de francs en chiffres ronds, le montant de l'impôt foncier, centimes compris, correspond à 11 0/0 du revenu net. Ce rapport est le même que celui dont nous venons de parler pour la France. Les revenus cadastraux étant probablement inférieurs aux revenus actuels, on peut même admettre que le taux d'imposition est plus faible en Belgique qu'il ne l'est en France.

On a publié, récemment, à Amsterdam, une statistique très complète des Pays-Bas qui nous donne des renseignements détaillés sur les taxes foncières. L'impôt foncier, en Hollande, est, de longue date, un impôt de répartition. Il est réglé actuellement par la loi du 26 mai 1870. Les propriétés bâties et non baties sont imposées séparément par provinces, et le contingent est réparti entre les propriétés d'après les indications du cadastre. Outre le principal, vingt et un cenmes additionnels sont encore perçus au profit de l'Etat. En 1883, sur un revenu net imposable de 46,242,000 florins, les propriétés non bâties acquittaient 5,517,000 florins, soit 11 0/0, pour le principal de la contribution foncière. Celle-ci, avec les centimes additionnels généraux, représente 14 0/0 du revenu net des terres et 18 0/0 avec les centimes additionnels des provinces et des communes. La charge est donc près de deux fois plus considérable que celle dont nous avons parlé pour la France.

En Prusse, il existe un impôt foncier réparti proportionnellement à des évaluations cadastrales qui datent de 1861. On doit tenir compte avec soin de l'augmentation de la valeur du sol qui s'est produite depuis cette époque, et, d'autre part, on ne doit pas oublier que la crise agricole récente a provoqué un mouvement en sens inverse.

En faisant la part de cette baisse accentuée, et en même temps, de la hausse antérieure qui avait été considérable, on peut admettre que la contribution foncière payée au profit de l'État représente, en Prusse, près de 10 0/0 du revenu net des terres. A cette charge déjà très lourde, qui s'élève d'une façon absolue à 60 millions de francs, il faudrait ajouter 25 millions de centimes locaux.

En résumé, le total de l'impôt foncier grevant les terres équivaut à 15 0/0 du revenu imposable de ces dernières. Cette proportion est donc sensiblement plus élevée que celle déjà calculée pour la France.

En Autriche, la contribution foncière représente 23 0/0 du revenu cadastral des biens-fonds ruraux. Ce revenu étant, à peu près, inférieur de moitié à la valeur des terres, il est fort probable qu'en tenant compte de la baisse actuelle des fermages, l'impôt foncier acquitté au profit de l'Etat atteint 15 0/0 du revenu net. Les surtaxes locales ne sont pas comprises dans notre calcul; or, les centimes additionnels des provinces et des communes sont fort nombreux. Ils représentent, en Bohême, près de 36 0/0 du principal, dans la Basse-Autriche 30 0/0, et, dans les autres provinces, ils varient de 25 à 37 0/0. Il faudrait ajouter à ces charges déjà si lourdes les centimes imposés au profit des comtés ou « Bezirks », des districts scolaires, et des communes.

En résumé, le total de la contribution fonçière est au moins double de celui que nous avons indiqué comme équivalant au principal. Il s'élève, par conséquent, à 30 0/0 du revenu net des biens-fonds ruraux. La charge qui pèse sur ces derniers est donc près de trois fois plus considérable qu'elle ne l'est en France.

En 1879, M. Silvio Ami citait, dans son ouvrage sur la peréquation de l'impôt foncier (1), les chiffres suivants qui donnent une idée suffisante du poids de la contribution foncière en Italie :

	Francs.
Impôt perçu par l'Etat	124.695.000
Surtaxes provinciales.	48.838.000
Surtaxes communales.	71.874.000
Total.	245.407.000

(1) Silvio Ami, *la Perequiazione Dell' imposta sui terreni.* 1 vol. in-8°. Turin, Roux et Favale, 1879.

Le montant du revenu imposable des terres étant, d'après les évaluations de M. Silvio Ami et les renseignements officiels, de 934 millions de francs environ, on voit que le principal de la contribution foncière représente 13 0/0, et le total de cette contribution, 25 0/0 du revenu imposable. En admettant que le revenu imposable des terres ait été atténué dans une large mesure, l'impôt foncier en Italie nous paraît néanmoins équivaloir à une charge double de celle qui grève les terres en France.

A ne consulter que les apparences, l'Angleterre paraît être le pays le plus ménagé au point de vue de la taxe sur ces terres. La *land-tax* ne s'élève guère, en effet, à plus de 37 millions de francs, alors que le revenu net des propriétés rurales, d'après les chiffres du *Statistical Abstract*, dépasse 1,200 millions. Ce n'est là qu'une apparence. Il faut se rappeler qu'une partie de l'impôt foncier anglais a été rachetée depuis 1798, non pas complètement, mais en grande partie, d'après un système ingénieux dû à Pitt qui espérait diminuer par cette opération financière les intérêts de la Dette perpétuelle anglaise. Il est aisé de comprendre que l'intérêt du capital versé pour le rachat de la *land-tax* représente, en réalité, l'impôt autrefois payé. Les propriétaires anglais ne se sont pas trouvés dans une situation plus favorable après la libération de leurs biens-fonds par la méthode qui leur était proposée.

L'opération du rachat s'est poursuivie en Angleterre de 1798 jusqu'à nos jours; et, à l'heure actuelle, le montant de la taxe rachetée s'élève à 849,171 livres ou 21 millions de francs en chiffres ronds. La taxe sur les terres se monte donc réellement à 58 millions de francs si l'on ajoute la partie de l'impôt rachetée à celle qui est encore acquittée aujourd'hui. Ce n'est là qu'une faible fraction des charges qui pèsent directement sur les biens-fonds ruraux en Angleterre, charges qui ont le caractère d'une véritable contribution foncière. Ainsi une foule de taxes locales directes, additionnelles à la taxe des pauvres (*poor-rate*), frappent les terres comme les maisons. En 1883, les contributions très diverses de cette nature s'élevaient, pour l'Angleterre et le pays de Galles, à 24,869,000 livres, ou 61 millions de francs. Le revenu des maisons étant à peu près le double de celui des terres, ces dernières acquittent donc 200 millions au moins de taxes directes locales. A ces contributions déjà si lourdes, il faut encore ajouter le produit de la cédule A de l'*income-tax* qui frappe le revenu des propriétaires. On devrait ajouter de ce chef 32 millions de francs acquittés par ces derniers. Sans tenir compte de la *land-tax* rachetée, nous voyons que l'impôt prélevé sur le revenu des terres en Angleterre se monte à 69 millions de francs pour l'État, et à plus de 200 millions pour les localités, soit en tout 269 millions pour l'Angleterre seule, alors que le revenu imposé à l'*income-tax* ne dépasse pas 1,210 millions de francs. Les taxes grevant la terre représenteraient ainsi 22 0/0 du revenu foncier.

On voit que, par rapport à la France, l'Angleterre est fort peu ménagée en ce qui concerne le poids des charges fiscales de la propriété non bâtie.

L'histoire des variations de la contribution

foncière en France, et l'étude comparative de cet impôt à l'étranger, conportent une double conclusion. La première peut être ainsi résumée :

Depuis le commencement du dix-neuvième siècle, le *principal* de l'impôt foncier a diminué dans notre pays d'une façon absolue et relative. En outre, la contribution foncière tout entière a diminué également par rapport au revenu net correspondant, et elle est aujourd'hui moins lourde qu'elle ne l'a été pendant la première moitié du siècle.

Quand on calcule la charge qu'impose aux biens-fonds ruraux la contribution foncière établie dans les principaux pays de l'Europe, on voit, de plus, qu'elle est, presque partout, plus considérable qu'en France. Telle est la conclusion naturelle des faits que nous avons exposés plus haut.

Depuis quelques années on s'élève, cependant, avec force, contre l'énormité de la contribution foncière dans notre pays. Ce n'est même plus la réduction du principal déjà réduit tant de fois que certaines personnes demandent avec insistance ; c'est la suppression qu'elles réclament au nom des intérêts de l'agriculture. Ce que nous avons dit suffirait déjà à montrer que les propriétaires fonciers auraient tort de se plaindre. Il y a plus : nous croyons que l'agriculture dont on défend les intérêts avec tant de sollicitude, ne saurait tirer aucun profit sérieux de cette mesure. L'impôt foncier n'est pas une charge de la culture, c'est une charge de la propriété, une charge *réelle* grevant un fonds de terre comme une rente perpétuelle. Ce que nous avons dit à propos de la *land-tax* anglaise rachetée en partie le démontre avec évidence. La suppression du principal de l'impôt foncier en France est une opération analogue. L'Etat ferait abandon de la rente établie à son profit qui grève chaque domaine. Le revenu net de celui-ci serait augmenté du montant de l'impôt supprimé, et, d'autre part, sa valeur subirait une augmentation égale au capital que représente aujourd'hui cet impôt.

Certes, une pareille opération assurerait aux propriétaires un double profit : 1° un accroissement de revenu égal au montant de l'impôt; 2° une augmentation de la valeur vénale des terres équivalant à cet impôt capitalisé. Au taux de 3 0/0, le capital correspondant à 103 millions d'impôt foncier en principal déterminerait, du jour au lendemain, une plus-value de 3 milliards 399 millions au profit des propriétaires fonciers en général.

Résulterait-il de là une amélioration de la situation des *cultivateurs?* C'est ce que nous ne saurions admettre.

Dans les pays de fermage, l'impôt foncier n'est pas, en réalité, acquitté par le fermier. Le supposer, c'est être dupe d'une apparence. La valeur locative des terres est fixée, en effet, toutes choses égales d'ailleurs, par la loi de l'offre et de la demande, et non point par la volonté des propriétaires.

Ceux-ci ne peuvent donc pas à leur gré ajouter ou retrancher quelque contribution additionnelle au montant du fermage. L'impôt mis à la charge du fermier n'est accepté qu'en déduction du prix de location que le cultivateur eût acquitté sans cela. Si demain le principal de l'impôt foncier était supprimé, le propriétaire garderait pour lui cette augmentation du revenu net sur lequel il comptait, ou bien il augmenterait la valeur locative de ses terres si l'impôt foncier avait été mis à la charge du fermier.

De toute façon, la situation de celui-ci ne serait pas modifiée. *Le propriétaire seul* profiterait d'une réduction à laquelle il n'a d'ailleurs aucun droit, parce que le prix d'achat du domaine qu'il possède a été précisément fixé en tenant compte de l'impôt foncier qui vient en réduire les revenus.

Acheter 100,000 fr. une propriété qui est affermée 4,000 fr. sur lesquels on doit prélever 1.000 fr. pour l'impôt foncier, ce n'est pas faire meilleure opération que d'acheter la même terre 133,000 fr. sans avoir d'impôt à acquitter. Dans les deux cas, on a obtenu un revenu absolument net de 3,000 fr. capitalisé au taux de 3 0/0. Ce qui est seulement vrai, c'est que tout propriétaire ayant acheté le premier domaine 100,000 fr., parce qu'il était grevé d'un impôt foncier de 1,000 fr. réduisant son revenu réel à 3,000 fr., aurait, après la suppression de la contribution foncière, un revenu de 4,000 fr. et un capital de 133,000 fr.

Quant à l'industrie agricole, elle n'est pas le moins du monde intéressée à l'adoption d'une mesure fiscale dont le bénéfice appartiendrait aux seuls propriétaires.

On peut dire, il est vrai, que les possesseurs du sol, si nombreux en France, recueilleraient les fruits du sacrifice qu'aurait consenti le Trésor public. C'est là encore une apparence et une erreur. Pour le prouver, il nous suffira de citer les chiffres officiels qui se rapportent au dégrèvement moyen par hectare résultant de la réduction récente du principal de l'impôt foncier. Cette réduction s'élevait à 15 millions de francs. L'opération ayant porté sur 33 millions d'hectares, les dégrèvements définitifs ont été les suivants (1) :

Dégrévement moyen par hectare.	Surface.
—	—
De 0 fr. 10 et au-dessous.	8.123.000 hectares.
11 à 20 centimes	4.928.000 —
21 à 30 —	4.033.000 —

(1) Voir le rapport adressé au ministre des finances par M. Boutin, directeur général des Contributions directes. 1 vol. in-4° avec cartes. Paris, Imprimerie nationale, 1891.

Dégrèvement moyen par hectare.	Surface.
—	—
31 à 50 —	5.891.000 hectares.
51 à 75 —	3.875.000 —
76 centimes à 1 franc.	2.294.000 —
1 fr. 01 à 1 fr. 50	2.300.000 —
1 fr. 51 à 2 francs	996.000 —
Supérieurs à 2 francs	851.000 —

On voit que le dégrèvement moyen par hectare est, en général, insignifiant. Pour plus de 22 millions d'hectares, il est inférieur à 0 fr. 50 par hectare! Sans doute, la suppression du principal tout entier équivaudrait à une réduction sept fois plus considérable. Mais il n'est pas moins visible que les petits propriétaires cultivateurs ne trouveraient pas dans cette opération une amélioration appréciable de leur situation. Seuls les propriétaires de domaines étendus pourraient en profiter.

Certes, il serait singulièrement difficile de troubler l'équilibre de notre budget en diminuant brusquement nos recettes de 103 millions. La suppression du principal de l'impôt foncier n'a donc aucune chance d'être acceptée par le Parlement. Il nous a paru bon, cependant, de montrer aujourd'hui qu'elle n'était même pas désirable, et qu'en particulier l'agriculture ne pouvait en tirer aucun profit sérieux.

La grande propriété est seule intéressée à l'adoption d'une mesure qui lui assurerait, en même temps, un accroissement de revenu, et une plus-value foncière incontestable.

BIBLIOGRAPHIE

On pourra consulter :

Traité de la Science des finances (T. I.) par Paul Leroy-Beaulieu. Paris, Guillaumin.

Traité des Impôts, par E. de Parieu. 4 vol. in-8°. Paris, Guillaumin.

Les Finances de l'ancien régime et de la Révolution, par Stourm. 2 vol. in-8°, Paris, Guillaumin.

Nouvelles Evaluations du revenu foncier des propriétés non bâties de la France. Paris, Imprimerie nationale, 1883. 1 vol. in-4°.

Etudes sur l'Impôt foncier, par D. Zolla. *Annales agronomiques*, année 1886. Paris, Masson.

XVI

La rareté des fourrages. — Nécessité d'utiliser les résidus industriels. — Ouvrage de M. Cornevin sur l'emploi de ces résidus dans l'alimentation du bétail. — Les pulpes, les drêches, les marcs de pommes.

Le moment est venu (1) où, pour beaucoup de cultivateurs, les ressources fourragères vont devenir insuffisantes. L'étude attentive des opérations du marché de la Villette, à Paris, nous en fournit une preuve très sûre et très curieuse à la fois. Non seulement la dépression des cours est très nettement marquée, mais le nombre croissant autant qu'anormal des vaches mises en vente nous indique encore très clairement qu'on redoute de ne plus pouvoir les nourrir durant l'hiver. Voici quel a été le nombre des animaux de cette catégorie amenés sur le marché en 1891, 1892 et 1893. Pour montrer la relation qui existe entre les variations des arrivages et l'abondance ou la rareté des fourrages, nous inscri-

(1) Octobre 1893.

vons dans une colonne spéciale le prix de la tonne de foin à Paris.

Nombre de vaches amenées à la Villette et prix du foin (500 k.).

	1891		1892		1893	
	Nombre de vaches.	Prix du foin.	Nombre de vaches.	Prix du foin.	Nombre de vaches.	Prix du foin.
Janvier. . .	662	96	843	106	940	166
Février. . .	870	96	931	102	1.052	166
Mars. . . .	710	102	640	104	1.040	160
Avril. . . .	620	102	590	104	820	156
Mai	590	104	759	104	1.136	194
Juin	627	102	1.194	128	1.400	200
Juillet . . .	885	104	984	148	1 322	194
Août	884	106	1.423	154	1.370	180
Septembre .	1.011	104	1.220	158	1.531	184

Les chiffres de ce tableau nous semblent parler très clairement. Pendant l'année 1891, qui a été marquée par d'excellentes récoltes fourragères, on voit que le cours du foin reste très bas : il varie de 96 à 106 francs la tonne. Le nombre des animaux amenés à la Villette est, en conséquence, très peu considérable ; il s'élève exceptionnellement, par marché, à 1,011 têtes au mois de septembre. Dès le mois de juin 1892, la récolte des fourrages est considérée comme très médiocre, et les prix s'élèvent rapidement. Le cours relevé en mai était de 104 francs; il atteint immédiatement un niveau plus élevé et monte jusqu'à 158 francs par tonne, en septembre. Le nombre des vaches amenées à la Villette s'accroît à mesure que la rareté des fourrages est plus grande, et l'élévation de leur prix plus marquée. L'écart entre les chiffres correspondants des années 1891 et 1892 devient considérable.

Enfin, la hausse persistante et extraordinaire des fourrages en 1893 produit le même effet durant cette dernière année. Il est visible que les agriculteurs cherchent à écouler sur le marché tous les animaux qu'ils craignent de ne pouvoir nourrir. Au mois de septembre, le nombre des vaches amenées, en moyenne, par marché, dépasse *d'un tiers* celui que l'on constatait en 1891!

Sans doute, il ne faut pas croire que nos étables soient exposées à être progressivement dépeuplées; mais le phénomène si curieux que nous signalons révèle, néanmoins, une situation fâcheuse. On ne saurait donc insister avec trop de force sur la nécessité d'utiliser comme aliments toutes les matières que l'industrie met à notre disposition. Sans craindre de nous répéter, nous voudrions revenir, encore, sur cette question qui est toute d'actualité, et qui présente, en outre, un intérêt considérable à tous les moments. On connaît mal dans nos campagnes la théorie et la pratique de l'alimentation des animaux domestiques. Il est donc bon de parler de l'une et de l'autre. Nous ne saurions prendre un meilleur guide que M. Cornevin, professeur à l'Ecole vétérinaire de Lyon. Ce dernier a publié, récemment (1), sur l'utilisation des résidus industriels dans l'alimentation du bétail, un volume dont nous ne saurions trop conseiller la lecture. Sa place est marquée dans la bibliothèque de tous les agriculteurs éclairés, à côté du *Traité de zootechnie* désormais classique de notre maître et ami, le professeur Sanson.

Tout le monde sait que l'industrie utilise en les transformant des matières premières qui sont fournies par l'agriculture. Les distillateurs, les

(1) *Des résidus industriels dans l'alimentation du bétail*, 1 vol. in-8. Paris, Firmin-Didot.

brasseurs, les fabricants d'huiles, de fécule, de sucre ou d'amidon, pour ne citer que ceux-là. demandent à nos cultivateurs, ou importent de l'étranger, des masses énormes de produits agricoles dont les résidus peuvent servir à la nourriture du bétail.

On admet trop souvent, sans raison et sans preuves, que l'alimentation des animaux de ferme doit être assurée exclusivement par les fourrages et les grains récoltés dans les exploitations rurales. C'est là une erreur. Sans aucun doute, le foin de prairie, les racines telles que les betteraves et les carottes, les céréales, comme l'avoine et l'orge, constituent d'excellents aliments; mais ils ne sont pas les seuls que l'on puisse utiliser. Considérées au point de vue de leur composition chimique, ces substances renferment : 1° des matières azotées appelées ordinairement protéine; 2° des hydrates de carbone comprenant l'amidon, les sucres, etc.; 3° des matières grasses, ou plus généralement des principes solubles dans l'éther; 4° de la cellulose. Soumis dans le tube digestif à l'action des liquides secrétés par des glandes spéciales, ou à celle de ferments divers, les quatre composés dont nous venons de parler sont dissous, émulsionnés, et, en définitive, assimilés partiellement. Des substances minérales jointes aux matières alimentaires servent également à la nutrition de l'animal.

Les foins de prairies, les racines et les céréales renferment les quatre composés organiques mentionnés plus haut, et ils les renferment, en général, dans des proportions convenables. Mais il est possible de les remplacer dans une ration alimentaire par des résidus industriels qui contiennent également ces quatre composés essentiels. Pour y parvenir, il suffit d'en connaître la composition chimique, et de les associer entre eux, de les compléter les uns par les autres, de telle sorte qu'ils puissent constituer une ration alimentaire analogue aux fourrages, racines, ou céréales que l'on donne comme nourriture au bétail de temps immémorial.

La substitution complète des résidus industriels aux fourrages n'est même ni nécessaire ni profitable en toutes circonstances. On doit se contenter, la plupart du temps, de mêler les un aux autres ces aliments d'origine différente, de façon à remplacer simplement tel aliment qui est devenu rare ou cher. Etant donné, par exemple, le cours actuel du foin de prairie, il doit être avantageux de porter ce dernier sur le marché et de le remplacer par un mélange de résidus industriels faisant ressortir la ration alimentaire équivalente à un prix inférieur.

Ce n'est pas là le seul avantage des aliments dont nous parlons. M. Cornevin dit avec beaucoup de raison : « Ils permettent de se soustraire, en partie, tout au moins, aux fluctuations du prix des denrées alimentaires dites normales, les foins et les avoines, en particulier, qui, elles-mêmes, sont sous la dépendance de l'abondance ou de la disette des récoltes. C'est là un avantage énorme qui en entraîne un autre, celui de pouvoir conserver un cheptel à peu près constant en jeunes bêtes. L'élévation du prix des fourrages, résultant de leur rareté, amène une dépréciation des animaux ; craignant d'être prise au dépourvu, la majorité des possesseurs d'animaux en vend le plus possible, et le grand nombre de têtes de bétail jetées simultanément sur le marché en abaisse le prix. Il est clair que, si l'on assure l'alimentation du cheptel en ce temps de disette fourragère, par une distribution de rations composées non exclusivement avec des fourrages, on gagne à retarder le moment de la vente, et à attendre des cours plus élevés. En toutes choses, chaque fois qu'on peut choisir son heure, il n'y faut pas manquer. »

On ne saurait mieux dire, et ces lignes bonnes à méditer en tout temps sont particulièrement intéressantes à relire en ce moment.

Quels sont les résidus industriels que l'agriculteur peut surtout utiliser? M. Cornevin distingue deux catégories : 1° les résidus d'origine végétale; 2° ceux qui sont d'origine animale. Parmi les premiers, il faut ranger les pulpes de sucrerie, de féculerie ou de distillerie, les drêches de malt de brasserie ou de fabrique d'absinthe, les marcs provenant des grappes de raisins après la fabrication du vin, les marcs de pommes, les tourteaux ou résidus des végétaux dont on a extrait l'huile, et enfin les sons, recoupes et farines inférieures, c'est-à-dire les résidus de la meunerie.

Parmi les seconds, on peut citer ceux qui proviennent de l'industrie laitière comme le lait doux écrémé, les déchets de boucherie, triperie, charcuterie, de conserves alimentaires et les résidus des cuisines destinées à la nourriture de l'homme. Nous ne pouvons songer à étudier aujourd'hui l'emploi de toutes ces matières. Nous allons, en conséquence, nous borner à signaler les conclusions les plus intéressantes concernant quelques-uns des résidus indiqués ici. Nous avons, d'ailleurs, pris soin, à diverses reprises, de parler avec quelque détail de l'utilisation des drêches d'absinthe, des marcs de vendanges et du lait doux écrémé.

Les *pulpes* représentent, comme on sait, les résidus des betteraves ou des pommes de terre employées à la fabrication du sucre, de l'alcool ou de la fécule. Les pulpes des betteraves de sucrerie et de distillerie étant de beaucoup les plus importantes, en raison du poids énorme de matières premières traitées annuellement dans notre pays, c'est d'elles surtout qu'il convient de parler. Ces pulpes sont livrées à l'état frais aux cultivateurs qui doivent songer à les conserver puisque la période de fabrication dans les établissements industriels ne dépasse pas trois mois en général. Il existe deux procédés de conservation : l'ensilage et la dessiccation. Le premier est, de beaucoup, le plus fréquemment employé. Amenées, entassées dans un silo incliné aboutissant à un puisard où tomberont les eaux provenant de la masse ensilée, les pulpes doivent être disposées par couches de 15 centimètres de hauteur, environ, séparées par d'autres couches de balles de céréales, de pailles hachées ou de foins grossiers hachés également. Ces matières sèches serviront à former au fond du silo un premier lit de 4 ou 5 centimètres de hauteur, et les couches de pulpes alterneront successivement jusqu'au niveau du sol. A cette hauteur, le silo pourra être recouvert par une couche de terre ; on aura soin de donner aux couches supérieures une disposition telle que la masse ensilée présente au-dessus du sol la forme d'un toit. La pulpe ainsi disposée entre en fermentation, les pailles et les matières sèches hachées s'imbibent des jus, et permettent d'en éviter la perte. Les fourrages mêlés aux pulpes sont, en même temps, ramollis, et les mauvais foins peuvent acquérir une valeur alimentaire plus forte, grâce à l'élévation de leur coefficient de digestibilité.

Alors même qu'elles sont employées à l'état frais, les pulpes doivent être mélangées à des fourrages secs ou à des aliments plus riches en matières azotées tels que les tourteaux, les grains entiers ou concassés, et le son. Il est ainsi possible de constituer des rations dont la composition bien calculée assure dans les meilleures conditions la digestion et l'assimilation des matières qui les constituent. On peut également diminuer la proportion d'eau parfois trop élevée que renferment des pulpes comme celles de diffusion ou de macération. C'est pour les animaux à l'engrais de l'espèce bovine et ovine que les pulpes sont le plus généralement employées avec avantage. Il en est de même pour les vaches laitières.

Nous croyons utile d'emprunter à M. Cornevin les modèles suivants de rations journalières. Les poids indiqués devraient évidemment varier avec ceux des animaux ; mais cette considération n'a ici qu'une importance secondaire, les bêtes à l'engrais ou les vaches laitières devant être nourries au maximum.

RATION POUR BŒUF

Pulpe de betterave (distillerie).	40 kilogr.
Foin.	5 —
Menues pailles.	5 —
Tourteau d'arachide	3 —

RATION POUR MOUTON

1° Pulpe de betterave.	2k400
Foin	1.400
Tourteau de coton décortiqué . . .	0.300
Orge	0.200
2° Pulpe de betterave.	1.500
Regain.	2.000
Son	0.250
Tourteau de colza	0.200

RATION POUR VACHE LAITIÈRE

Pulpe de betterave	40k000
Tourteau de coton.	4.000
Foin	3.500

M. Cornevin fait suivre ces indications du commentaire suivant qui a une importance particulière.

« Les personnes qui utilisent les pulpes pour leurs animaux ont à se demander si la qualité des produits obtenus, viande, graisse et lait, est la même que quand on emploie directement les fourrages, les graines, les racines et les tubercules. Question importante, car il ne faudrait pas que les bénéfices réalisés sur le prix de la ration fussent annihilés ou pis encore par une moins-value des produits. Or, l'expérience a montré que, quand on a le soin d'opérer des mélanges comme ceux dont nous venons de donner quelques exemples, et qu'on peut varier de bien des façons, il n'y a pas de craintes de dépréciation des produits à redouter. »

On doit éviter, toutefois, de donner en abondance, et presque exclusivement, des pulpes de distillerie. La graisse des animaux nourris de cette manière prend une teinte jaune caractéristique, et la chair au travers de laquelle se trouve disséminée cette graisse présente un aspect spécial. MM. Audouard et Dezaunay, qui ont étudié l'action des pulpes sur la qualité du lait des vaches, ont résumé leurs observations de la façon suivante :

1° La pulpe de diffusion, conservée en silo et donnée à une vache à la dose de 5 kilogr. par jour, augmente sa production en lait de près d'un tiers;

2° Cette nourriture n'a pas d'influence sensible sur la richesse du lait en caséine et en matière minérale, mais elle augmente la proportion du beurre, surtout celle du sucre.

3° Elle communique au lait une saveur spéciale et lui donne une prédisposition certaine à la fermentation acide.

Il n'existe, en réalité, aucune contradiction entre cette dernière observation et les conclusions précédentes de M. Cornevin. C'est l'alimentation composée trop exclusivement de pulpes qui peut avoir cet inconvénient. Il est donc indispensable de recourir à des mélanges analogues à ceux dont nous avons donné des exemples.

Dans la fabrication de la bière, le malt épuisé qui a été soumis à des *trempes* successives constitue la *drêche* de brasserie. C'est là un aliment précieux, qui n'est pas, malheureusement, assez généralement employé et assez judicieusement utilisé. Il est cependant fort riche en matières azotées. Une partie de l'amidon des céréales reste d'ailleurs dans les grains, et les drêches fraîches renferment presque toujours une quantité appréciable de glucose. Voici quelques types de rations que M. Cornevin propose et dont il recommande l'adoption à la suite des expériences instituées par lui :

RATIONS POUR VACHES LAITIÈRES

1°	Drêches de brasserie	20 kilogr.
	Foin de trèfle.	5 —
	Tourteau de coton	1 —
	Paille d'avoine	5 —
2°	Drêches de brasserie.	12k500
	Regain	6.500
	Son.	3.000
	Paille	4.500

RATIONS POUR BÊTES BOVINES A L'ENGRAISSEMENT

1°	Drêches de brasserie	18 kilogr.
	Graines et balles de foin.	15 —
	Tourteau de coton	0.500
2°	Drêches de brasserie.	20k000
	Foin.	6.000
	Farine de maïs	2.500

M. Cornevin ajoute : « De tous les types de

rations d'engraissement essayés, le premier est un de ceux qui ont amené les meilleurs résultats. Un lot de quatre vaches soumis à ce régime pendant l'hiver 1883-84 a donné une augmentation quotidienne en poids vif de 1,200 grammes. »

Tout ce que nous venons de dire plus haut s'applique aux drêches proprement dites ou drêches solides. L'industrie met également à la disposition du cultivateur des drêches liquides provenant des grains qui ont servi à former le malt ; celui-ci subit ultérieurement une fermentation, puis une *distillation*. Les drêches liquides renferment plus d'eau que les drêches proprement dites, mais elles sont également capables de servir à l'alimentation du bétail. Il est bon, d'ailleurs, de mêler à ces résidus des aliments solides tels que les menues pailles, le foin, les glands ou les tourteaux riches en matières azotées, et de donner aux animaux environ 10 p. 100 de leur poids vif comme ration de drêches liquides.

On voit combien sont variées les matières que l'agriculteur avisé peut demander aux industries locales pour épargner ou remplacer ces fourrages. Nous voudrions terminer cette énumération forcément incomplète en parlant d'un autre résidu qui sera particulièrement abondant cette année dans nos campagnes : les marcs de pommes.

Les marcs provenant des pommes qui ont servi à la fabrication du cidre peuvent être conservés en silos comme les pulpes. Convenablement tassée, et recouverte avec soin pour en mettre la partie supérieure à l'abri de l'air, la masse entre en fermentation ; mais ce phénomène n'enlève pas aux marcs leur qualité, et le bétail s'en montre très friand.

Il convient de mêler cet aliment avec des matières sèches, comme la paille, le foin ou les tourteaux. — En ayant soin de ne pas dépasser la dose de 12 kilogrammes de marcs par tête de vache laitière, et de rejeter ces résidus toutes les fois qu'ils ont été envahis par des moisissures ou des fermentations spéciales, on est assuré de n'avoir aucun accident à redouter.

Voici deux types de rations qui pourront servir d'exemples, et montrer de quelle façon on associe les marcs à d'autres aliments :

RATIONS POUR VACHES

1°	Marc	10 kilogr.
	Son	1 —
	Paille	1 —
	Foin	8 —
2°	Marc	12k000
	Betteraves découpées	4.000
	Son	0.500
	Paille d'avoine	3.000

Il résulte, en somme, des études de M. Cornevin et des expériences faites par plusieurs cultivateurs, que le marc de pommes est un très bon aliment. Puisque la récolte a été excellente cette année dans les pays à cidre, et que des masses considérables de résidus resteront à la disposition des cultivateurs, ceux-ci pourront utiliser avantageusement ces matières alimentaires.

L'auteur que nous avons pris pour guide aujourd'hui en signale beaucoup d'autres qu'il serait avantageux d'employer. Ce que nous avons dit suffira, peut-être, à montrer au lecteur quel intérêt considérable peut présenter l'emploi de ceux que l'industrie locale met à sa disposition.

XVII

La baisse du prix des denrées agricoles. — Les variations simultanées des importations et des prix pour le blé. — Diminution des exportations américaines. — Etat stationnaire des exportations de l'Inde. — Les variations du prix de la viande et la concurrence étrangère. — La baisse prolongée du prix des produits agricoles n'est pas un phénomène nouveau. — Conclusion.

Nous avons déjà insisté dans une de nos études sur la diminution du prix des principales denrées agricoles. On sait combien sont vives et générales les plaintes que font entendre, à ce propos, la plupart des producteurs. Rien de plus naturel. Le produit brut des exploitations rurales se trouve diminué soudainement de 15 ou 20 0/0.

La baisse du loyer des terres ne peut compenser cette dépression considérable des valeurs créées annuellement dans les domaines ruraux; et, comme, d'autre part, le prix de la main-d'œuvre n'a pas diminué dans les mêmes proportions que celui des produits, ce sont les bénéfices des entrepreneurs de culture qui ont subi une réduction considérable. Personne ne peut mettre sérieusement en doute cet abaissement des profits, et l'attribuer à une autre cause qu'à la dépression du cours des denrées agricoles.

Cette situation nouvelle a provoqué bien des souffrances; il ne saurait venir également à la pensée de personne d'en nier la réalité ou de se refuser à en déplorer la vivacité. Sur ce point, tout le monde est d'accord. Il en est autrement lorsqu'il s'agit d'expliquer la baisse actuelle des prix et d'en indiquer le remède. Ce que l'on admet la plupart du temps sans hésitation, c'est que la concurrence étrangère a provoqué cette baisse extraordinaire, et qu'il convient, en conséquence, de la limiter ou de la supprimer pour obtenir un relèvement des prix. Nous ne partageons pas cette opinion, et nous comptons dire aujourd'hui pourquoi nous ne pouvons l'accepter. Ce n'est pas une question de doctrine dont il s'agit. Ce sont des faits que nous voulons rappeler brièvement et exposer aussi clairement que possible, en montrant quelle nous paraît être leur véritable signification.

Que vaut aujourd'hui le quintal de froment ? Il suffit de consulter la cote des principaux marchés pour savoir que le prix moyen est de :

	fr.	c.
En France.	20	40
En Allemagne.	21	»
En Belgique.	14	»
En Hollande.	14	30
En Angleterre.	15	20

Il y a dix ans, en 1883, on cotait les 100 kilog. de froment :

	fr.	c.
En France.	24	80
En Allemagne.	22	»
En Belgique.	24	70
En Hollande.	23	50
En Angleterre.	25	10

L'établissement de droits de douane, variant, par quintal, de 5 fr., pour la France (1), à 6 fr. 25 c., pour l'Allemagne, a évidemment arrêté la dépression des cours dans ces deux pays. Sur les autres marchés, elle a été extraordinaire. En Angleterre, la diminution absolue est de 10 fr., et la diminution relative, de 40 0/0 !

Les importations de l'Amérique ou de l'Inde

(1) Ce droit vient d'être porté à 7 fr. par la loi du 28 février 1894 ; il a, au contraire, été abaissé à 4 fr. 25 en Allemagne pour les pays ayant des traités de commerce.

expliquent-elles cette baisse énorme et soudaine? Nous ne le pensons pas. Depuis 1883, les importations de blé en Angleterre, bien loin de s'accroître, ont, au contraire, diminué. Pour le montrer plus clairement, il suffit de ramener à 100 les chiffres relatifs soit aux cours, soit aux importations en 1883 et de suivre les fluctuations simultanées de ces deux séries de nombres jusqu'en 1892.

VARIATIONS DU PRIX ET DES IMPORTATIONS DE FROMENT EN ANGLETERRE

	Prix.	Importations.
	—	—
1883	100	100
1884	85	73
1885	78	95
1886	75	73
1887	78	87
1888	75	89
1889	70	91
1890	75	94
1891	90	103

Les importations ont donc diminué depuis 1883, et, cependant, les prix se sont abaissés. On ne trouve qu'une exception à cette règle. En 1891, à la suite d'une très mauvaise récolte, nos voisins ont dû acheter une quantité considérable de froment étranger. Mais cette importation extraordinaire n'a pas eu pour conséquence une dépression des cours; ceux-ci se relèvent, au contraire, durant cette année, et atteignent le niveau le plus élevé auquel ils soient parvenus depuis 1883.

En France, les choses se passent autrement. Voici les variations simultanées des importations et des cours durant la même période :

	Prix.	Importations.
	—	—
1883	100	100
1884	93	103
1885	87	63
1886	91	69
1887	94	88
1888	99	111
1889	96	112
1890	100	103
1891	105	194

Les modifications des tarifs douaniers exercent ici une action marquée. En 1884, l'annonce du vote prochain d'un droit de 3 fr. par quintal détermine une augmentation soudaine des importations malgré la baisse des prix. Ceux-ci fléchissent encore, l'année suivante, et aussitôt les importations diminuent. Durant les années 1888, 1889 et 1890, les cours s'élèvent à la suite du vote d'un droit nouveau, et les importations s'accroissent en même temps. En 1891, une mauvaise récolte nous oblige à recourir aux blés étrangers, les droits de douane sont abaissés, mais les prix restent encore plus élevés qu'en 1883 malgré le chiffre considérable de nos importations. En général, on peut voir que ces dernières augmentent lorsque les prix s'élèvent, et qu'elles s'abaissent, au contraire, quand les cours fléchissent d'une façon persistante et sensible. C'est là, croyons-nous, une vérité incontestable, et que nous pouvons établir à l'aide d'une démonstration différente. Il suffit pour cela de suivre les variations simultanées des importations et des prix durant une autre période. Voici, par exemple, les chiffres relatifs à celle qui est comprise entre 1860 et 1880 :

	Prix de l'hectolitre de froment.	Importations.
	francs	milliers d'hectolitres
1861-70	21.4	4.600
1871-80	23.0	12.900

Les prix s'élèvent graduellement de la première période à la seconde, malgré l'accroissement considérable des importations. A partir de 1883, les prix s'abaissent et les importations diminuent, puis ces dernières augmentent de nouveau dès que les cours s'élèvent.

Années.	Prix.	Importations.
—	—	—
	francs	milliers de quintaux
1883.	24.8	10.100
1884.	23.1	10.500
1885.	21.7	6.400
1886.	22.8	7.000
1887.	23.4	8.900
1888.	24.7	11.300
1889.	24.0	11.400
1890.	24.9	10.500
1891.	26.1	19.600

Il nous paraît bien difficile d'admettre que les importations aient fait baisser les prix, puisqu'elles diminuent toutes les fois que les cours fléchissent, pour augmenter, au contraire, quand ceux-ci se relèvent.

Il ne faut pas oublier, en outre, que les exportations américaines ont diminué très notablement pendant que les prix s'abaissaient sur les marchés européens.

Voici, par exemple, les quantités de blé exportées des Etats-Unis depuis 1873, et les prix correspondants sur le marché de Londres durant les mêmes périodes :

	Exportations.	Prix.
	millions de buschels	Sh.
1874-1879.	78	49
1879-1884.	157	43
1884-1889.	142	32
1889-1892.	101	32

La réduction des exportations est énorme, et nous la croyons liée très intimement à la baisse des prix. La dépression des cours suppose, en effet, une surabondance de l'offre qui rend inutiles les importations étrangères, et il est, de plus, fort aisé de comprendre que, la production du blé devenant de moins en moins lucrative à mesure que les cours s'abaissent, elle doit diminuer spontanément lorsque ces derniers fléchissent. En admettant même que cette hypothèse ou cette explication ne puisse être admise, il est impossible de ne pas constater que les exportations des Etats-Unis ont diminué de près d'un tiers au moment même où la baisse des prix se faisait sentir.

Quant aux envois de l'Inde, leur importance a été fort souvent exagérée. En réalité, les quantitées exportées ne se sont guère accrues depuis 1882. Voici les chiffres officiels extraits d'un rapport de M. O'Conor, secrétaire du gouvernement de l'Inde :

	Exportations. — millions de quintaux
1881-1882	9.9
1882-1883	7.0
1883-1884	10.4
1884-1885	7.9
1885-1886	10.5
1886-1887	11.1
1887-1888	6.7
1888-1889	8.8
1889-1890	6.8
1890-1891	7.1
1891-1892	15.1

« En 1880, dit l'auteur dont nous parlons, les exportations étaient encore inférieures à 3,700,000 quintaux; elles s'élevèrent brusquement à près de 10 millions, l'année suivante, sous l'influence d'une bonne récolte, et d'une réduction des frais de transport résultant de l'achèvement du réseau des voies ferrées. En fait, le commerce du blé ne date que de l'année 1881-82.

« Depuis lors, il n'a pas pris de développement appréciable. Jusqu'en 1890-91, les exportations ont fort peu dépassé celles de 1881-82, et leur ont été fort souvent inférieures. Quant aux opérations de 1891-92, elles sont anormales, et il est bien peu vraisemblable qu'on voie se produire de nouveau les circonstances auxquelles il convient de les attribuer. »

Essayons, maintenant, de résumer les différents faits que nous avons exposés et d'en chercher la signification.

La baisse de prix du froment a été considérable, depuis dix ans. Ce phénomène économique, dont la portée est très grande, ne nous paraît pas, cependant, suffisamment expliqué par la concurrence étrangère. En Angleterre, les entrées de froment ont diminué pendant que les prix s'abaissaient, et dans ce pays, comme en France, nous constatons que les importations varient avec les cours, diminuant quand ceux-ci fléchissent, et augmentant quand ils s'élèvent.

En outre, durant les périodes qui ont précédé

celles que nous considérons, et, en particulier, de 1860 à 1880, l'accroissement des importations a toujours coïncidé avec une augmentation des prix.

Depuis dix ans, les exportations américaines ont diminué d'une façon notable, tandis que les cours s'abaissaient.

Enfin, les envois de l'Inde ne paraissent pas avoir pris le développement que l'on redoutait, et il est incontestable que les quantités exportées ne se sont pas accrues depuis 1881-1882, sauf en 1891, année durant laquelle une mauvaise récolte générale en Europe a provoqué une hausse notable des prix et déterminé une exportation considérable, mais extraordinaire.

Sans nier l'influence que la mise en culture des pays neufs peut avoir exercée sur le prix du froment, il nous paraît donc nécessaire de ne pas lui attribuer exclusivement une baisse qu'elle ne peut expliquer seule d'une façon satisfaisante.

Examinons, maintenant, quelles ont été les variations du prix de la viande. Cette étude nous permettra de montrer également que l'action de la concurrence étrangère sur les cours a été beaucoup moins sensible qu'on ne le croit habituellement.

Voici deux tableaux qui résument précisément les variations simultanées des importations et des prix en France. Pour les animaux de l'espèce bovine, nous nous sommes contenté de noter le nombre des animaux vivants qui ont passé la frontière. Pour les moutons, il fallait tenir compte des entrées considérables de viandes fraîches. C'est ce que nous avons fait, en ajoutant au nombre des animaux vivants importés le chiffre correspondant aux arrivages de carcasses, à raison de 20 kilogrammes de viande pour une tête d'animal. Les chiffres relatifs à l'année 1883 ont été ramenés à 100, pour rendre plus facile la lecture de ces tableaux.

	Animaux de l'espèce bovine.	
Années.	Prix du kilogr. de bœuf.	Importations.
1883	100	100
1884	93	81
1885	87	70
1886	84	71
1887	76	45
1888	79	33
1889	80	37
1890	88	46
1891	87	38

Années.	Animaux de l'espèce ovine. Prix du kilogramme de mouton.	Importations (y compris les viandes fraîches).
1883	100	100
1884	92	93
1885	86	91
1886	84	81
1887	79	70
1888	85	79
1889	90	86
1890	99	92
1891	97	101

La baisse des prix est évidente ; chaque année, on peut l'apprécier aisément. Personne ne songe, du reste, à la dissimuler. Mais il n'est pas moins visible que les importations ont diminué en même temps, et, chose bien importante, la diminution des entrées est toujours plus sensible que celle des cours. On ne trouve qu'une seule exception notable à cette règle ; c'est pour les animaux de l'espèce ovine, en 1891. Le vote d'un nouveau tarif douanier, très nettement protecteur, explique l'accroissement, d'ailleurs fort peu sensible, des importations. Le commerce a eu évidemment intérêt à faire franchir la frontière aux produits qui allaient être bientôt frappés de droits plus élevés. Ces importations extraordinaires n'ont pas, d'ailleurs, fait baisser les prix, puisque ces derniers restent plus élevés en 1891 qu'en 1887 et 1888, années durant lesquelles les entrées avaient subi une réduction énorme allant jusqu'à 67 0/0 en ce qui concerne les bovidés, et 30 0/0 relativement aux ovidés.

Au tableau que nous venons de tracer rapidement en parlant des variations du prix de la viande depuis 1883, il convient maintenant de comparer celui que nous présente la marche des cours durant une autre période. Nous venons de montrer tout à l'heure que les prix s'abaissent en France, bien que nos importations de bétail ou de viande n'aient pas augmenté.

Les tableaux suivants prouvent que, de 1853 à 1863, c'est-à-dire pendant une période de hausse, les cours se sont élevés, au contraire, tandis que les importations s'accroissaient. Sans doute, nous avons déjà signalé ces faits à propos du blé, mais il n'est pas inutile de compléter d'une autre façon la démonstration précédente.

VARIATIONS DES PRIX ET DES IMPORTATIONS EN FRANCE

	Bovidés.		Ovidés.	
Années.	Prix du kilogr. de bœuf.	Importations.	Prix du kilogr. de mouton.	Importations.
—	—	—	—	—
1853. . .	100	100	100	100
1854. . .	118	221	110	145
1855. . .	123	201	125	164
1856. . .	127	255	120	174
1857. . .	130	250	125	206
1858. . .	118	180	115	180
1859. . .	116	203	120	240
1860. . .	119	232	121	253
1861. . .	121	280	122	294
1862. . .	122	285	119	287
1863. . .	122	305	119	313

Ainsi, depuis 1853 jusqu'en 1863, les importations ont triplé en France pour les ovidés comme pour les bovidés, et les prix loin de diminuer, se sont accrus de 20 0/0 !

On vient de voir que les prix s'élevaient avec rapidité de 1853 à 1863 malgré l'accroissement considérable des importations, tandis qu'ils s'abaissent aujourd'hui malgré la diminution des arrivages étrangers. Il nous semble donc bien difficile d'admettre pour la viande ce que nous ne pouvons admettre pour le blé, et d'attribuer à la concurrence étrangère la baisse soudaine des cours.

Quelle est donc la véritable cause de cette dépression des prix qui provoque tant de plaintes et amène tant de souffrances ? Pour l'indiquer, il faut, croyons-nous, étudier l'histoire économique de notre pays et remonter plus haut dans le passé. On a pu constater à deux reprises différentes, au dix-huitième siècle tout d'abord, de 1715 à 1750, au dix-neuvième siècle, depuis 1815 jusqu'à 1850, un abaissement rapide et une longue stagnation des prix. Durant ces deux périodes, les cours des denrées agricoles et le prix des terres ont subi une dépression analogue à celle que l'on observe de nos jours.

A deux reprises différentes, également, depuis la fin du règne de Louis XV jusqu'aux premières années du dix-neuvième siècle, et depuis 1850 jusqu'en 1873, on peut constater que les prix se sont élevés rapidement, bien que durant cette dernière période l'augmentation des importations ait été considérable. Ces fluctuations étaient dues à la dépréciation ou à l'augmentation du pouvoir d'achat des métaux précieux, c'est-à-dire, en définitive, à une révolution monétaire. Il nous paraît très probable que nous traversons en ce moment une période d'abaissement des prix parfaitement comparable à celles que nous venons de signaler dans les premières années du dix-huitième et du dix-neuvième siècle. Il est plus simple d'attribuer exclusivement à la concurrence étrangère la dépréciation des produits agricoles, mais nous ne saurions partager cette opinion.

La généralité si remarquable de cet abaissement des cours, le contraste si frappant qui existe entre la diminution des prix et l'état stationnaire ou la réduction des importations, en un mot, des faits nombreux et précis nous empêchent de croire que la concurrence étrangère doive être seule mise en cause. Il ne nous paraît pas impossible, d'autre part, que la dépréciation prodigieuse de l'argent et sa démonétisation aient donné à l'or comme monnaie un champ d'action singulièrement plus vaste et accru son pouvoir d'achat. La rareté relative du métal jaune ne résulte pas d'une moindre production, mais bien plus encore de la multiplication des services qu'il doit rendre seul aujourd'hui comme monnaie, et du soin jaloux avec lequel on cherche à le retenir ou à l'accumuler. Sa rareté relative peut donc expliquer la baisse du prix des denrées agricoles, baisse si générale, si soudaine, et que l'influence des importations étrangères ne nous paraît pas expliquer suffisamment.

Nous n'ignorons aucune des objections qui ont été faites à cette théorie. Les arguments produits contre elle ne nous ont pas convaincu. Nous ne pouvons songer, d'ailleurs, à développer aujourd'hui notre pensée et à justifier la solution que nous indiquons. Nous aurons l'occasion d'étudier de nouveau cette question dans une autre étude.

BIBLIOGRAPHIE

Les documents statistiques relatifs à la production du blé et à son commerce étant trop nombreux, nous citeron seulement, 1° pour la France :

Bulletin du ministère de l'agriculture (numéro consacré chaque année, à la production agricole, au prix des produits, et au commerce extérieur).

Documents statistiques sur le commerce de la France, Paris, Imprimerie nationale.

La Production agricole en France, par L. Grandeau. 1 vol. Paris, Berger-Levrault.

2° Pour l'étranger :

Le Commerce des blés, par Wolf, traduction de H. Grandeau. Même librairie.

Le Blé aux Etats-Unis, par A. Ronna. Même librairie.

Pour l'étude des crises monétaires on consultera :

La Question de l'or, par E. Levasseur. 1 vol. Paris, Guillaumin.

La Monnaie et le Bimétallisme, par E. de Laveleye. 1 vol. Paris, Alcan.

XVIII

La situation de la viticulture. — La concurrence étrangère et la baisse des prix. — Accroissement simultané de la production en France, en Algérie et en Tunisie. — La récolte des vins en 1893.

Un de nos amis, qui habite le midi de la France, nous parle avec beaucoup d'inquiétude du sort des viticulteurs. La vente des vins nouveaux est fort difficile, et les prix ont baissé. « La situation des propriétaires est mauvaise, plus mauvaise qu'elle ne l'a jamais été, et nous nous demandons ce que l'avenir nous réserve. » Telle est la conclusion de mon correspondant qui indique aussitôt les deux questions dont nous voudrions parler aujourd'hui. « Les producteurs se plaignent de la concurrence étrangère et de l'insuffisance de la répression en ce qui concerne les fabricants de vins factices. »

Il s'agit, en résumé, de savoir si la concurrence étrangère est responsable de la baisse actuelle, et si la difficulté que présente la vente des vins nouveaux doit lui être attribuée. C'est là ce que nous nous demanderons tout d'abord, et nous rechercherons, ensuite, quels sont les faits qui peuvent avoir exercé la même influence. La concurrence des vins factices sera donc étudiée à ce propos.

Il importe de rappeler, dès le début, quelle était la situation de notre vignoble avant l'invasion phylloxérique dont personne ne peut nier les effets désastreux.

C'est vers 1865 que le phylloxéra a été découvert, mais ses ravages ne datent guère que de 1875. A cette époque, le vignoble français avait une étendue de 2,400,000 hectares, et, d'après les évaluations de l'administration des contributions indirectes, la production moyenne de la période décennale 1866-75 s'était élevée à 56 millions d'hectolitres. Ce chiffre a même été souvent dépassé jusqu'au moment où les ravages du fléau diminuèrent notre production avec une singulière rapidité. Voici, en effet, quelles ont été les récoltes successives depuis 1874 :

	Millions d'hectolitres.		Millions d'hectolitres.
	—		—
1874	63	1884	34
1875	83	1885	28
1876	41	1886	25
1877	56	1887	29
1878	48	1888	30
1879	25	1889	23
1880	29	1890	27
1881	34	1891	30
1882	30	1892	29
1883	36		

On peut dire sans exagération que notre production a diminué de moitié depuis l'apparition du phylloxéra. Pour combler le déficit énorme qui s'est ainsi produit brusquement, on a eu recours aux importations étrangères. L'Italie et l'Espagne nous ont fourni la plus grosse part de ces approvisionnements considérables. Il est indispensable pour l'intelligence des faits de bien noter : 1° que les envois de l'étranger étaient insignifiants avant l'invasion phylloxérique et la diminution de la production nationale; 2° que les prix se sont élevés au moment où les importations devenaient considérables.

De 1867 à 1876, par exemple, le montant

de nos importations a été, seulement, de 365,000 hectolitres. A partir de 1877, au contraire, notre production décline, et aussitôt nos achats augmentent. En voici la preuve :

	Importations. — milliers d'hectol.	Production. — millions d'hectol.
1877.	645	56
1878.	1 521	48
1879.	2.828	25
1880.	7.093	29
1881.	7.700	34
1882.	7.380	30
1883.	8.822	36
1884.	7.991	34
1885.	8.032	28
1886.	10.887	25
1887.	12.127	24
1888.	11.889	30
1889.	10.245	23
1890.	10.518	27
1891.	11.868	30

Il est bien visible, au premier abord, et bien certain en même temps, que les importations ont été rendues nécessaires par le déficit de la production nationale.

Est-il vrai que les prix se soient abaissés sous l'influence de la concurrence étrangère? En aucune façon. Les cours, loin de fléchir, ont monté rapidement.

A défaut de renseignements plus précis, nous pouvons avoir recours aux évaluations officielles, à l'aide desquelles l'administration des douanes dresse le tableau des valeurs correspondant, chaque année, aux quantités importées.

Les chiffres suivants sont fort instructifs à cet égard. Ils se rapportent aux importations de vin et au prix moyen par hectolitre :

Années.	Importations, milliers d'hectolitres.	Prix par hectolitre.
1867-76	365	32
1877-86	6.290	42

Il est donc bien certain que les prix ont augmenté pendant que les importations s'accroissaient.

Durant cette douloureuse période de dix années qui finit en 1887, nos viticulteurs ont tenté et assuré graduellement la reconstitution de leurs vignobles détruits. La submersion, les plantations dans les sables, l'emploi des insecticides, et surtout l'usage des vignes américaines, leur ont permis de vaincre. Au mois de juin dernier, un des grands propriétaires de l'Hérault, l'honorable M. Gaston Bazile, disait devant nous : « L'ennemi est vaincu ; le phylloxéra n'est pas mort, mais nous savons triompher de ses attaques. »

Sans doute cette victoire n'a pas été remportée partout, et l'on commence, ailleurs, très laborieusement la tâche qui est presque accomplie dans le midi de la France. Il est néanmoins certain que beaucoup de départements ont accru avec une grande rapidité la surface de leur vignoble et la production correspondante. Dans l'Hérault où l'on comptait, en 1873, 220,000 hectares de vignes produisant 13 millions d'hectolitres, la surface tomba, en 1883, à 47,000 hectares et la récolte, à 2,700,000 hectolitres. Aujourd'hui la surface plantée ou conservée dépasse 167,000 hectares, et la production a atteint 7 *millions* d'hectolitres, l'année dernière. Les départements voisins présentent des exemples analogues. Certes, l'accroissement de la production ne s'est pas produit au moment même où l'on pouvait constater un développement des surfaces plantées en vignes. Tout le monde sait, en effet, que durant quatre ou cinq années les vignes ne donnent qu'une récolte très médiocre. La reconstitution des vignobles les plus productifs datant seulement de 1886 ou 1887, il est donc certain que l'augmentation correspondante des récoltes n'a pu se produire qu'à partir de 1890.

A cette époque, il était donc permis de compter sur un développement notable et, chaque année, plus rapide de la production, surtout en ce qui concerne les vignobles du Midi, plus tôt reconstitués, et singulièrement plus productifs que ceux du Bordelais ou de la Bourgogne. L'importation des vins étrangers n'allait-elle pas provoquer une baisse des prix, au moment où l'accroissement de la production intérieure permettait déjà de prévoir une diminution des cours élevés qu'avait expliquée et justifiée jusqu'alors le déficit énorme de nos récoltes? La situation de la viticulture méridionale ne deviendrait-elle pas très difficile et très douloureuse le jour où cette baisse prochaine viendrait diminuer le produit brut des domaines reconstitués à grands frais, alors que la défense contre le mildew, le black-rot et le phylloxéra exigeait, chaque année, des dépenses considérables ?

En gens avisés et prévoyants, les viticulteurs du Midi demandèrent et obtinrent l'établissement de droits protecteurs destinés à limiter la concurrence étrangère et à prévenir la baisse dont ils redoutaient les effets.

Il ne faut pas croire, d'ailleurs, que les vins espagnols soient seuls capables de faire concurrence à ceux que produisent, en si grande abondance, nos vignobles du Midi. Le développement rapide de la production du vin en Algérie et en Tunisie n'est pas moins menaçant ; et il est nécessaire d'en parler, maintenant, pour bien faire comprendre quelle est la situation faite à la viticulture de la France continentale.

L'invasion phylloxérique et le déficit énorme de nos récoltes de vins ont provoqué en Algérie un développement considérable de la production. La hausse très marquée des prix a facilité, en même temps, la constitution du vignoble algérien. Depuis 1877, les envois faits en France se sont accrus avec une prodigieuse rapidité. Il suffit de jeter les yeux sur le tableau suivant pour s'en convaincre :

IMPORTATIONS DE VINS ALGÉRIENS EN FRANCE

	Milliers d'hectolitres.
1877	2
1878	1
1879	5
1880	17
1881	10
1882	9
1883	83
1884	190
1885	324
1886	490
1887	760
1888	1.223
1889	1.580
1890	1.959
1891	1.845
1892	2.821

Depuis 1877 jusqu'en 1887, les envois des viticulteurs algériens sont devenus près de vingt-cinq fois plus considérables. De 1887 à 1892, la progression n'est pas moins extraordinaire. Les quantités ont passé de 490,000 hectolitres à 2 millions 821,000 ! Ce n'est pas là un fait insignifiant, et la concurrence des vins d'Algérie n'est pas sans influence sur les cours.

Depuis 1886, la Tunisie a très largement développé ses vignobles, et leur production s'est accrue rapidement. Les exportations en France sont déjà comparables à celles de l'Algérie dix ans auparavant. Voici les chiffres qui s'y rapportent :

IMPORTATIONS DE VINS DE TUNISIE EN FRANCE

	Milliers d'hectolitres.
1889	1.9
1890	9.0
1891	11.0
1892	48.0

En définitive, à mesure que nous nous rapprochons de l'année 1893, nous voyons se développer la production de la France continentale et s'accroître les envois de l'Algérie ou de la Tunisie.

Les importations des pays étrangers ont diminué, d'ailleurs, depuis 1887 jusqu'à 1891, comme le prouvent les chiffres suivants :

IMPORTATIONS DE VINS PROVENANT DES PAYS SUIVANTS

	Milliers d'hectolitres.		
	Algérie et Tunisie.	Étranger.	Total.
	—	—	—
1887.	760	11.366	12.126
1888.	1.223	10.666	11.889
1889.	1.582	8.656	10.238
1890.	1.968	8.050	10.018
1891.	1.852	10.016	11.868
1892.	2.869	6.117	8.986

En 1891, la mise en vigueur très prochaine d'un nouveau tarif douanier provoque des importations considérables; pendant le mois de janvier 1892, le même phénomène se produit. *Il est, cependant, bien visible que nos achats à l'étranger ont graduellement diminué, et qu'ils sont, notamment, beaucoup moins considérables en* 1892.

Depuis le premier janvier 1893, le chiffre de nos importations s'est encore abaissé. Il est entré en France les quantités de vin suivantes, durant les neuf premiers mois des années 1891, 1892 et 1893 :

Pays de provenance.	Milliers d'hectolitres.		
	1891	1892	1893
—	—	—	—
Algérie.	1.290	2.340	1.393
Étranger	7.290	4.909	3.239
Total. . .	8.580	7.249	4.632

La diminution des envois de l'étranger est, en particulier, bien marquée. L'écart que nous constatons pour l'année 1893, par rapport à 1892, s'élève à 1,700,000 hectolitres, et, malgré les importations algériennes, le montant des entrées de toute origine a diminué de plus de 3 millions d'hectolitres ! En présence de ces faits, et en écartant avec la plus entière bonne foi toute préoccupation ou toute arrière-pensée relative à des doctrines économiques différentes, il nous paraît certain que l'on ne peut pas attribuer la baisse actuelle du prix des vins de qualité ordinaire et les difficultés que présente leur vente, à la concurrence étrangère. Est-il possible que la production des vins dits « factices » ait fait fléchir les cours ?

Il nous paraît, également, bien difficile de l'admettre. La fabrication des vins de raisins secs, qui s'élevait à 4,223,000 hectolitres en 1890, est tombée successivement :

En 1891.	à 1.704.000	hectolitres.
1892.	1.055.000	—

La production des vins de sucre a passé de 1,883,000 hectolitres, en 1891, à 1,853,000 hectolitres en 1892. Il y a décroissance et non augmentation.

Quelle est donc la cause que l'on peut assigner à la situation fâcheuse dans laquelle paraissent se trouver aujourd'hui nos viticulteurs ? C'est ce qui nous reste à découvrir.

Le dernier numéro du *Bulletin de statistique et de législation comparée* contient des renseignements fort instructifs au sujet de notre dernière récolte. Voici ce qu'on peut y lire :

« Pour 1893, la récolte des vins en France est évaluée à 49,800,000 hectolitres, soit une augmentation de 20,700,000 hectolitres par rapport à la récolte de 1892, et de 20,900,000 sur la moyenne des dix dernières années. En ajoutant la Corse (environ 300,000 hectolitres) et l'Algérie (plus de 4 millions d'hectolitres), on voit que la production totale dépasse 54 millions d'hectolitres. Si nous ne sommes pas encore complètement revenus au chiffre de la production moyenne des dix années (1866-75) qui ont précédé la période des grands ravages causés par le phylloxéra (56,900,000 hectolitres), du moins le chiffre moyen des années 1856 à 1865 (41,800,000 hectolitres) est notablement dépassé. »

Nous ne croyons pas qu'il faille chercher ailleurs que dans l'énorme accroissement de notre production, durant l'année 1893, l'explication de la baisse des prix et des difficultés de vente dont nous parlions au début de cet article. La récolte de nos départements à grande production ne s'est guère accrue, il est vrai, que de 10 0/0, et a passé de 15 millions (1892) à 17 millions d'hectolitres (1893); mais, en revanche, l'augmentation a été très sensible dans beaucoup de régions. Il nous suffira d'en indiquer quelques-unes, d'après le *Bulletin de statistique*, auquel nous empruntons ces indications.

« Dans la Gironde, 4,928,000 hectolitres,

contre 1,844,000 en 1892; Gers, 2 millions d'hectolitres, contre 650,000 ; Landes, 793,000 hectolitres, contre 246,000; Lot-et-Garonne, 608,000 hectolitres, contre 272,000; Haute-Garonne, 595,000 hectolitres, contre 305,000; Basses-Pyrénées, 563,000, contre 153,000.

« ... Côte-d'Or, 623,000 hectolitres, contre 303,000; Yonne, 1,314,000 hectolitres, contre 278,000; Saône-et-Loire, 781,000 hectolitres, contre 410,000.

« .... Indre-et-Loire, 1,415,000 hectolitres, contre 457,000; Charente, 185,000 hectolitres, contre 67,000; Maine-et-Loire, 836,000 hectolitres, contre 331,000; Loire-Inférieure, 2,580,000 hectolitres, contre 334,000; Vendée, 1,051,000 hectolitres, contre 117,000; Marne, 740,000 hectolitres, contre 128,000. »

Pour certains départements, l'augmentation de la production est extraordinaire. Elle a triplé dans le Gers, les Landes et les Basses-Pyrénées, quadruplé dans l'Yonne, et presque décuplé dans la Vendée, par rapport à la récolte de 1892. Il est évident que cette énorme quantité de vin recueillie dans les régions où nos départements du Midi pouvaient vendre, autrefois, une partie de leur récolte, doit terminer une baisse des cours, et rendre les ventes fort difficiles. Tout le monde sait également que la production des cidres a été fort considérable. La consommation de cette boisson a pris de grandes proportions, et l'usage en est aujourd'hui fort répandu. La baisse des prix et l'abondance exceptionnelle de la récolte n'a, peut-être, pas été sans influence sur les cours du vin et la difficulté des transactions portant sur cette boisson.

Enfin, il ne faut pas oublier que nous traversons, en ce moment, une période toute particulière et qui sera marquée dans l'histoire économique du dix-neuvième siècle par un phénomène très important, la baisse générale du prix de la plupart des produits agricoles. Les ravages du phylloxéra et le déficit énorme de notre production ont eu pour conséquence l'élévation des cours durant ces dix dernières années. A partir du moment où la reconstitution de tous nos vignobles détruits permettra de récolter une quantité de vin sensiblement égale à celle que nécessite notre consommation, il faut s'attendre à voir les prix subir une dépression marquée.

Conclusion. — En terminant cette étude de la situation actuelle des viticulteurs, il nous paraît utile de résumer les faits déjà exposés et de montrer avec soin le lien qui les unit.

C'est à la concurrence étrangère que l'on attribue généralement la baisse actuelle du prix des vins et la difficulté des transactions dont ils sont ordinairement l'objet. Cette opinion ne nous paraît pas justifiée. L'augmentation si notable de nos importations a suivi et non précédé la hausse des prix due au déficit extraordinaire de notre production à la suite des ravages du phylloxéra.

Depuis 1877 jusqu'à 1887, les cours ont été notablement supérieurs à ceux qui étaient précédemment constatés. On ne saurait donc accuser les importations étrangères de les avoir fait fléchir. Depuis 1887, les achats faits à l'*étranger* ont réellement diminué pendant que les prix s'abaissaient, et ce sont les vins algériens ou tunisiens qui ont suffi à compenser cette diminution en assurant notre consommation. En 1892, aussi bien qu'en 1893, les importations étrangères ont diminué de 25 0/0 par rapport à celles que l'on peut constater durant les années 1889 et 1890 qui précédèrent la discussion et le vote des droits de douane aujourd'hui en vigueur.

D'un autre côté, la reconstitution rapide de nos vignobles du Midi et de l'Algérie a déjà fait sentir son influence. Les quantités récoltées se sont accrues et des circonstances atmosphériques, particulièrement favorables, ont déterminé, cette année même, une augmentation extraordinaire de la production française. La récolte peut être évaluée à 49 millions d'hectolitres, et dépasse de 20 millions d'hectolitres celle de l'année 1892. — Cet accroissement si brusque des quantités disponibles nous paraît expliquer suffisamment la marche des prix. L'abondance de la récolte du cidre peut avoir exercé la même influence, que l'on ne saurait attribuer aux vins de raisins secs et de sucre, dont la fabrication a diminué dans des proportions notables.

Tels sont les faits qui nous paraissent expliquer la situation actuelle.

Est-il possible de la rendre moins douloureuse? Peut-on, notamment, faciliter la vente des vins en groupant les producteurs et en les mettant directement en relations avec les consommateurs ? Nous n'hésitons pas à le penser, et nous nous efforcerons de justifier cette opinion dans une prochaine Étude.

BIBLIOGRAPHIE

On pourra consulter sur la production des vins et des cidres, et sur la question des variations annuelles de la superficie cultivée :

Le Bulletin de statistique et de législation comparée, du ministère des finances.

Les chiffres relatifs au commerce extérieur sont contenus dans la publication suivante :

Documents statistiques sur le commerce de la France. Imprimerie nationale.

Tableau décennal du commerce de la France, 1877-1886. 2 vol. in-4°. Imprimerie nationale.

XIX

La question des vins. — L'augmentation des surfaces replantées en vignes. — Application de la loi de 1887 sur l'exemption de l'impôt foncier pour les vignes âgées de moins de quatre ans. — Influence de la baisse des prix sur les bénéfices des viticulteurs. — La comptabilité d'un vignoble. — Les offres directes à la consommation. — L'exposition des vins au concours agricole du palais de l'Industrie. — La Société vigneronne de l'Auxerrois. — L'Association coopérative des viticulteurs français.

Durant la période décennale (1879-89), notre récolte moyenne de vins n'avait pas dépassé 29 millions d'hectolitres; pendant les années 1890, 1891 et 1892, elle ne s'était pas élevée plus haut. Cette année (1), des circonstances atmosphériques tout particulièrement favorables et l'augmentation notable des surfaces plantées en vignes ont eu pour conséquence un accroissement énorme des quantités récoltées.

(1) 1893.

L'administration des contributions directes évalue à 40 millions d'hectolitres la récolte de 1893 ! Il est donc naturel que l'augmentation brusque des stocks disponibles ait déterminé une baisse des prix et rendu les ventes plus difficiles. L'une des deux causes que nous venons d'assigner à l'accroissement des récoltes est évidemment accidentelle. Les circonstances atmosphériques de l'année 1893 sont, en effet, extraordinaires.

Les progrès rapides de la reconstitution de nos vignobles phylloxérés exercent, au contraire, une influence persistante, et l'on peut prévoir aisément que cette seconde cause agira dans l'avenir.

Depuis six ans, des surfaces considérables, comprenant plus de 280,000 hectares, ont été replantées, et les vignobles ainsi créés arriveront d'ici peu à leur période de pleine production. Nous possédons à cet égard des renseignements précis qui nous permettent de suivre, d'année en année, le développement de la culture de la vigne. La loi du 1er décembre 1887 accorde aux propriétaires des vignes nouvellement plantées des exemptions d'impôt foncier. Voici quelles sont les dispositions de l'article 1er :

« Dans les arrondissements déclarés atteints par le phylloxéra, les terrains plantés ou replantés en vignes âgées de moins de quatre ans lors de la promulgation de la loi, seront exempts de l'impôt foncier. Ils ne seront soumis à cet impôt que lorsque les vignes auront dépassé la quatrième année. Dans les arrondissements déclarés atteints ou dans ceux qui le seront postérieurement, les plantations à venir jouiront du même privilège pendant le même laps de temps. »

En 1888, c'est-à-dire au lendemain de la mise en vigueur de cette loi, l'exemption d'impôt était accordée à 108,523 hectares plantés en vignes âgées de moins de quatre ans. A cette date, les départements qui possédaient les plus larges surfaces reconstituées récemment, dans les conditions que nous venons d'indiquer, étaient les suivants (nous relevons les noms de ceux où les vignobles nouvellement plantés ont une superficie de plus de 1,000 hectares) :

	Vignes âgées de moins de 4 ans.
	hectares
Hérault	48.125
Aude	16.234
Gard	11.030
Pyrénées-Orientales	5.265
Rhône	4.491
Var	3.713
Vaucluse	2.819
Bouches-du-Rhône	2.475
Gironde	2.255
Drôme	1.788

Ces chiffres sont très considérables parce qu'ils se rapportent à la surface de toutes les vignes âgées de moins de quatre ans au 1er janvier 1888.

Durant les années suivantes, les progrès de la reconstitution sont néanmoins très marqués, comme le prouvent les surfaces dont le droit de l'exemption a été successivement reconnu. Voici les chiffres qui sont relatifs aux mêmes départements et indiquent les surfaces replantées durant chacune des années 1889, 1890 et 1892 :

	Surfaces replantées et exonérées durant les années suivantes.		
	1889	1890	1892
	—	—	—
	hectares	hectares	hectares
Hérault.	18.334	14.092	8.467
Aude.	12.970	7.380	6.967
Gard.	5.455	4.266	2.954
Pyr.-Orientales . .	5.538	3.502	3.418
Rhône	895	1.569	1.525
Var.	1.565	1.319	1.099
Vaucluse.	1.096	829	708
B.-du-Rhône . . .	707	997	334
Gironde	1.853	2.304	307
Drôme	639	355	205

L'œuvre de la reconstitution paraît, il est vrai, moins rapide à mesure que l'on se rapproche de l'année actuelle; mais il ne faut pas oublier que si les surfaces nouvellement plantées diminuent d'étendue dans nos départements méridionaux à grande production, c'est que les viticulteurs ont presque rendu à la culture de la vigne son ancien domaine. Ailleurs, et notamment en Bourgogne, la reconstitution fait des progrès. En définitive, depuis le 1er janvier 1888, date de l'application de la loi dont nous avons parlé, on a officiellement constaté que 281,083 hectares avaient été replantés en France et dans la Corse.

Les faits que nous venons d'exposer rapidement permettent de prévoir une augmentation notable de la production, d'ici quelques années, alors même que les circonstances atmosphériques ne seraient pas aussi favorables qu'elles l'ont été en 1893. Si le chiffre de 49 millions d'hectolitres n'est pas atteint, il est à peu près certain que celui de 30 millions d'hectolitres correspondant à la récolte moyenne de 1880 à 1890, sera largement dépassé. La baisse des prix sera la conséquence de l'augmentation de la production. Dans les régions où la qualité des vins assure au producteur des cours relativement élevés, la baisse qu'il est permis de prévoir n'aura pas une très grande importance. Il en est tout autrement dans les départements à grande production, où les rendements atteignent 40 ou 50 hectolitres pour les vins de coteaux, et 100 hectolitres par hectare pour les vins de plaine. Les conditions nouvelles de la viticulture, la lutte incessante contre les ennemis de la vigne, exigent des dépenses considérables; une baisse notable des prix de vente correspondra à une réduction extrêmement sensible des profits réalisés jusqu'ici. Pour s'en rendre compte, il suffit d'étudier les faits et de les interpréter sans parti pris. Voici un exemple que nous citerons pour mettre en lumière l'influence d'un abaissement des prix de vente sur les profits réalisés par les propriétaires viticulteurs (il s'agit des chiffres empruntés, il y a trois ans, à la comptabilité d'un grand vignoble du midi de la France) :

1° VINS BLANCS

Dépenses par hectare.

	francs
Frais de culture	303
Engrais.	243
Traitements contre maladies	350
Frais de vendanges.	302
Personnel gagé à l'année	117
Entretien des chemins et des bâtiments, etc.	76
Total.	1.391

Recettes par hectare.

130 hectolitres à 23 francs	2.990
Bénéfice brut, par hectare	1.599

2° VINS ROUGES

Dépenses par hectare.

	francs
Frais de culture	313
Engrais.	187
Traitements contre maladies	352
Frais de vendanges.	249
Personnel gagé à l'année.	83
Entretien de routes, bâtiments	23
Usure de mobilier vinaire	57
Total.	1.264

Recettes par hectare.

150 hectolitres à 17 francs	2.550
Bénéfice brut, par l'hectare.	1.286

Qu'on le remarque bien, les bénéfices que nous calculons ici ne sont pas des bénéfices nets. Il faudrait en déduire l'intérêt des capitaux considérables engagés dans l'entreprise. Les vignes dont il s'agit sont restées quatre ou cinq ans sans donner de récoltes normales; les sommes représentées par le capital foncier et le capital d'exploitation sont considérables, et s'élèvent sans doute à 8,000 fr., par hectare; peut-être même à 10,000 fr. En déduisant 500 fr. des bénéfices annuels indiqués plus haut, il reste, pour les premiers, 1,099 fr., et, pour les seconds, 764 fr. Ce sont là encore des profits considérables; le lecteur voudra bien remarquer qu'il est ici question d'un *exemple particulier*, et non d'une moyenne relative à la viticulture méridionale. Examinons, maintenant, l'influence d'une baisse d'un quart ou d'un tiers venant diminuer le prix de vente des vins et le produit brut correspondant des vignobles.

Les dépenses restant les mêmes, le *bénéfice net* s'abaisse, pour les vins blancs, à 351 fr. par hectare, ou à 103 fr., selon que la diminution des prix de vente aura été de 25 ou de 33 0/0.

Dans les mêmes conditions, le *bénéfice net* (500 fr. d'intérêts déduits) s'abaisse, pour les vins rouges, à 148 fr. 50, et, si le prix des vins subit une baisse de 33 0/0, nous constatons même une *perte* de 63 fr. par hectare.

Sans doute, nous le répétons, il s'agit d'un exemple particulier. Ailleurs, dans la même région, on trouverait des domaines où les frais de culture sont bien moins considérables; en revanche, le produit brut serait moins élevé et les bénéfices plus modestes. La baisse du prix des vins ne serait pas moins redoutable partout où les dépenses de culture, de traitements et de vendanges s'élèvent au chiffre déjà respectable de 500 fr. à 700 fr., avec un produit brut de 1.000 fr. à 1,500. Les gains inespérés, réalisés depuis quelques années dans beaucoup de domaines de l'Hérault, du Gard ou de l'Aude diminueront certainement. C'est là une crise inévitable que les viticulteurs ont d'ailleurs prévue, et dont ils essayent, en ce moment même, de conjurer les les effets, en facilitant la vente de leurs produits d'une façon intelligente.

Pour élever les prix de vente et diminuer le stock disponible qui pèse sur les cours, beaucoup de propriétaires ont songé à s'unir et à faire directement leurs offres aux consommateurs. L'entreprise est difficile; elle exige, à la fois, beaucoup de zèle et beaucoup de persévérance. Cette année même, au mois de février, on a fait à ce sujet une tentative intéressante.

Plusieurs syndicats agricoles et quelques Sociétés d'agriculture ont exposé nos bons vins de

France au Concours agricole du palais de l'Industrie. Pour les faire apprécier, il faut, en effet, les faire connaître. Le public, en général, le public parisien, tout particulièrement, est fort ignorant, en cette matière, et il doit être éclairé. Des bruits vagues, mais persistants, des légendes acceptées sans discussion, sur la foi des touristes, ou des « gens de goût », des expériences imprudentes ont fait considérer, par exemple, les vins naturels du Midi comme étant de mauvaise qualité. On a soutenu la nécessité « reconnue » des mélanges habiles, des coupages, des « préparations ». En outre, le consommateur ignore absolument, neuf fois sur dix, la véritable valeur des vins qu'il achète, ou qu'il serait tenté d'acheter; il hésite à s'en faire adresser; il craint une surprise, une fraude; il ne peut voir, goûter, comparer et choisir. Puis, à qui le consommateur s'adresserait-il? Les réclames le font frémir, les sollicitations personnelles le fatiguent, et, en fin de compte, il achète son vin n'importe où, à côté de lui, très souvent, à moins qu'il ne délaisse la boisson nationale pour la bière, le cidre ou l'eau claire, dernier expédient déplorable, l'eau étant une humidité fade et bonne seulement comme remède externe.

Il y a plus : le palais du consommateur parisien s'est accoutumé à un certain mélange type qu'il retrouve partout, et qu'il cherche inconsciemment. Le vin naturel lui semble, dès lors, fade, plat, ou trop acide. Eh bien! il convient de modifier cette habitude, de dissiper cette ignorance, de faire disparaître toutes ces difficultés. C'est ce qu'on a voulu tenter au palais de l'Industrie, il y a quelques mois, et ce que l'on tentera encore au printemps prochain.

On pourra y voir, y goûter des vins de cru. En quelques minutes, on arrivera à les juger et à connaître leur prix. On saura que tel syndicat, telle Société agricole, ou tel propriétaire se chargera d'en vendre. C'est le meilleur moyen pour réconcilier Paris avec la province, et les palais parisiens avec le vin naturel. Il y a quelques mois, l'exposition de la Société centrale d'agriculture de l'Hérault nous avait paru tout particulièrement intéressante. Sur les fûts de vin exposés on avait inscrit en grosses lettres le prix du litre. Ce prix doit être majoré de 19 centimes pour tenir compte des droits d'entrée et d'octroi à Paris. On peut y ajouter 5 centimes pour frais de transport.

Bref, il est possible d'avoir, ici même, sur les rives de la Seine, du vin naturel de l'Hérault, du Gard, ou de l'Aude, pour 50 ou 60 centimes le litre, puisque la valeur de l'hectolitre tombe fréquemment à 25 ou 30 fr. sur les lieux de production. Pour ce prix, le commerce ne met à notre disposition que d'affreux breuvages qui n'ont guère du vin que la couleur et l'enveloppe ordinaire, le verre qui les renferme affectant, lui aussi, la forme d'une bouteille coiffée par dérision d'un cachet de cire.

Ce que nous venons de dire pour les vins du Midi est tout aussi vrai pour ceux de la Bourgogne, de l'Algérie ou de la Tunisie. Ne serait-il pas possible d'établir, dans Paris ou dans les grands centres, un certain nombre de dépôts ou d'expositions permanentes, d'en faire connaître les avantages au public pour l'habituer à en prendre le chemin? Nous sommes persuadés que le consommateur parisien saurait, au bout de quelques années, choisir lui-même et commander directement son vin soit à un syndicat, soit à quelques propriétaires. Sans doute cela ne se fera pas immédiatement; il y aura des hésitations, des lenteurs, voire même des découragements et des retours déplorables au magasin où l'on vend du vin en bouteilles coiffées de cachets de cire aux tons éclatants. Néanmoins, on arrivera, chose considérable, à aimer le vin naturel et à l'acheter meilleur, à meilleur marché.

Gutta cavat lapidem non vi sed sæpe cadendo.

Si une goutte d'eau creuse la pierre en tombant souvent, comme dit le poète latin, est-il possible qu'une goutte de bon vin généreux et franc ne puisse pas triompher par sa seule vertu? Cette espérance nous est chère. Les consommateurs nous ont habitué à une soumission inconcevable, à un manque d'énergie et d'initiative si déplorable que nous voudrions assister à leur revanche au grand profit des producteurs de vin. Il existe aussi toute une catégorie de consommateurs à laquelle il serait infiniment désirable que le viticulteur honnête, le producteur de bonne et saine « purée septembrale », pût s'adresser directement. Nous voulons parler des hommes de la classe ouvrière et des personnes ayant une médiocre aisance; les uns et les autres font difficilement l'avance du prix d'une pièce de vin, ou ne possèdent pas la cave nécessaire pour la conserver. Il est clair, cependant, que les vins à bas prix du Midi, pouvant être vendus à Paris 50 centimes ou 60 centimes le litre, trouveraient dans la consommation de cette catégorie d'acheteurs un débouché assuré.

Pour atteindre ce but, il faudrait malheureusement *détailler* les vins expédiés par le viticulteur, et c'est là une très grosse difficulté. On pourrait indirectement modifier, tout au moins, la qualité des vins vendus à cette heure chez les débitants, en exerçant une surveillance active et en réprimant avec une impitoyable sévérité toutes les fraudes ou sophistications dont le vin est constamment l'objet. Ce serait diminuer la concurrence déloyale dont les viticulteurs se plaignent aujourd'hui, avec juste raison, et rendre à la santé publique un service signalé. Nous reviendrons plus tard sur ce sujet, qui mérite une étude spéciale.

Signalons, avant de terminer cette revue, deux tentatives intéressantes faites tout récemment pour mettre en rapport les consommateurs et les producteurs de vin.

La Société vigneronne de l'Auxerrois vient de se constituer en syndicat pour faciliter la vente des produits (vins et eaux-de-vie de marc) que les propriétaires ou viticulteurs désirent livrer à la consommation. Voici les articles des statuts qui indiquent nettement le but des associés et les moyens d'exécution qu'ils comptent employer :

Art. 4. — Le conseil d'administration organise un service de publicité, et au besoin, de courtiers et de représentants, pour faire connaître aux Sociétés coopératives de consommation et à tous autres acheteurs les vins récoltés par les sociétaires.

Art. 6. — Tout sociétaire, désirant vendre tout ou partie de sa récolte par l'intermédiaire du syndicat, doit en informer le conseil d'administration et :

1° Garantir que les vins et eaux-de-vie dont il propose la vente proviennent exclusivement de sa récolte et sont absolument *naturels ;*

2° Faire connaître le prix et la quantité disponible de ses produits, et s'il veut vendre nu ou logé;

3° Indiquer l'année de la récolte, la provenance et tous les renseignements qu'il croira utiles pour fixer l'acheteur sur la qualité des produits offerts;

4° Envoyer des échantillons, s'il lui en est demandé.

Art. 9. — En cas de vente, l'expédition sera faite directement de la cave du vendeur par ses soins et à ses riques et périls.

Voilà qui est fort bien, et nous savons maintenant qu'il suffit de s'adresser au syndicat de la Société vigneronne à Auxerre pour être mis en relation avec des viticulteurs désireux de vendre leur vin sur échantillon.

Il s'agit ici de la vente au détail. Les viticulteurs du Midi ont une autre ambition : c'est la vente en gros des récoltes considérables actuellement disponibles qu'ils entendent faciliter en fondant l'*Association coopérative des viticulteurs français*.

Pour éviter des pertes de temps, l'Association

a chargé une Société commerciale déjà organisée, et dont le siège est à Paris, de vendre au profit de ses adhérents et sous son contrôle les vins qui lui seront adressés.

Elle groupe les viticulteurs, elle sert d'intermédiaire entre eux et le commerce, elle contrôle et surveille les opérations techniques de l'entrepôt et de la vente, elle procède au règlement. Tel est son rôle. Nous souhaitons de tout cœur le succès de cette tentative spéciale, et il nous sera particulièrement agréable d'en signaler les résultats heureux.

XX

Le problème de la division de la propriété rurale. — Cette question est distincte de celle qui se rapporte à la division de la culture. — La petite propriété en France. — La surface qu'elle occupe représente plus du tiers de la surface totale. — Le nombre des propriétaires et celui des travailleurs ruraux non propriétaires. — Parmi ces derniers se trouvent les plus riches agriculteurs. — L'accroissement du nombre des petits propriétaires depuis 1862. — Diminution du nombre des travailleurs non-propriétaires. — La division de la culture. — Le nombre des exploitations. — La supériorité absolue de cette dernière n'est pas démontrée. — La dimension des exploitations est réglée par des lois économiques particulières. — Le nombre des petites exploitations s'est accru depuis 1862.

A qui appartient notre terre de France ? L'a-t-on donnée au peuple des campagnes, aux millions de travailleurs ruraux qui la cultivent et qui l'ont « faite », suivant l'énergique expression de Michelet ? Est-elle, au contraire, la propriété d'un petit nombre d'hommes, constituant une sorte de bourgeoisie rurale, ou même une aristocratie foncière ?

Ainsi posé, le problème semble résolu d'avance. Cela est vrai ; mais les solutions sont contradictoires. La terre appartient aux petits propriétaires, aux paysans, disent les uns. Grave erreur, soutiennent les autres ; la propriété du sol reste le privilège d'un petit nombre d'hommes ; la terre aux paysans n'est qu'une légende.

Entre ces deux affirmations opposées, il faut choisir. La question est déjà fort délicate ; une confusion trop fréquente vient encore la compliquer.

Comment est cultivée la terre? A-t-on découpé sur son étendue de grandes, de moyennes, ou de petites *exploitations* rurales ? Ce problème est bien distinct du premier. On peut être propriétaire sans être cultivateur ; et tous les cultivateurs ne sont pas propriétaires. La terre est-elle cultivée par ceux qui la possèdent, et la division de la propriété n'est-elle pas différente de la division de la culture ?

Pour ceux qui ont étudié ce problème aucun doute ne subsiste. Il est certain que l'étendue des propriétés ne règle pas celle des exploitations. On peut diviser un grand domaine en plusieurs fermes, ou réunir plusieurs héritages ruraux pour composer une seule tenure.

L'observation des faits nous prouve que ces deux opérations sont très fréquentes. Il n'en est pas moins vrai que l'on confond le plus souvent la division de la culture avec la division de la propriété sans prendre même la peine de montrer quels liens rattachent ces deux questions l'une à l'autre, ou quelles différences les séparent.

Nous allons essayer d'éviter ces deux erreurs en étudiant successivement la division de la propriété et celle de la culture dans notre pays.

On oublie trop souvent que les particuliers ne sont pas les seuls propriétaires fonciers dont il faille tenir compte. Voici quelle est, en France, d'après la statistique officielle, l'étendue des terres appartenant à des personnes morales :

	Hectares.
Propriétés de l'État (bois, etc.)	1.011.155
— départementales	6.513
— communales	4.621.450
— des établissements publics	381.598
Total	6.020.716

La plupart de ces propriétés, dont la surface totale s'élève à plus de 6 millions d'hectares, ont une étendue moyenne considérable. Si l'on n'en tient pas compte, on grossit donc, contrairement à la réalité des faits, la part de la moyenne ou de la grande propriété dans notre pays. C'est là une première cause d'erreur dont il nous faudra chercher l'importance. En voici, assurément, une autre. Que doit-on entendre par petite, moyenne, ou grande propriété ? Les limites qui séparent ces catégories ne sont guère précises, et il est clair que la valeur des domaines ruraux ne correspond pas toujours à leur étendue. Un hectare planté en vignes peut valoir, dans l'Hérault, plus de 10,000 fr., et ce prix s'abaisse au-dessous de 500 fr. dans quelques districts pauvres de la Bretagne ou de la Sologne.

On s'accorde, pourtant, à considérer comme petite propriété celle dont la surface est inférieure à 10 hectares ; la moyenne propriété varie de 10 à 40, et la grande s'étend au delà de cette dernière limite.

En adoptant ce cadre, voici quelles sont les surfaces occupées respectivement par les trois catégories que nous venons d'indiquer. Les chiffres suivants sont empruntés à l'enquête agricole de 1882, et se rapportent à la propriété *rurale* :

Cotes agraires.	Surface totale.
Au-dessous de 10 hectares	17.573.550 hectares.
De 10 à 40 hectares.	12.758.161 —
De plus de 40 hectares.	19.230.150 —
	49.561.861 hectares.

On voit que la petite propriété fait assez bonne figure ; elle s'étend sur 17 millions d'hectares représentant plus du tiers de la surface totale. La part attribuée aux petits propriétaires est, nous semble-t-il, assez large pour qu'on ne puisse pas accuser la société de les avoir réduits à l'état de prolétaires.

L'étendue possédée par les grands ou les moyens propriétaires n'est-elle pas, cependant, trop considérable? Le moment n'est pas venu de discuter cette question. Bornons-nous à constater que cette étendue est, en effet, supérieure à celle qu'occupe la petite propriété. Encore faut-il présenter à ce sujet une observation. Les propriétés de l'État, des communes, des départements ou des établissements publics font, assurément, partie des deux catégories dont la surface dépasse 40 hectares; elles grossissent, donc, la surface totale qui s'y rapporte. Pour voir clairement la vérité, il est nécessaire d'en tenir compte.

Déjà la statistique de 1882 avait défalqué du total qu'elle nous indique les bois de l'État; en retranchant les autres terres, non possédées par des particuliers, il reste simplement 29,966,000 hectares, et non plus 31,988,000, comme représentant la surface attribuée à la grande et à la moyenne propriété.

En tenant compte de cette réduction nécessaire, voici quelle est, en définitive, la surface relative de la petite propriété comparée aux deux autres catégories :

Petite propriété.	39.41 0/0
Moyenne et grande propriété. . . .	60.59 —
Total.	100.00 0/0

Sans chercher même si l'étendue des petits domaines ruraux ne dépasse pas fréquemment la limite, tout arbitraire de 10 hectares, on voit que leur surface totale représente, en chiffres ronds, les *deux cinquièmes* du territoire possédé en France par des particuliers.

Tels sont les faits que nous considérons comme exacts jusqu'à preuve contraire, et que nous indiquons sans autre souci que celui de dire ce qui nous paraît être vrai.

Pour juger l'influence sociale de la division de la propriété, il ne suffit pas de noter la surface occupée par les petits domaines ruraux. Le nombre des propriétaires n'est pas indifférent.

Parmi les travailleurs des campagnes, combien peut-on compter de propriétaires?

Si la propriété est un avantage matériel, il importe de savoir quel est le nombre de ceux qui en jouissent. Enfin, si la grande propriété tend à détruire et à absorber la petite, il n'est pas moins nécessaire de savoir avec quelle rapidité on voit grossir le nombre des prolétaires dans nos campagnes.

D'après la statistique agricole de 1882, il existe en France *4,835,000* propriétaires ruraux.

Sur ce nombre *1,309,000* environ n'exploitent pas par eux-mêmes, et résident généralement à la ville; mais il reste, dans nos campagnes, *3,525,000* chefs de famille ou d'exploitation. Pour comprendre toute l'importance de ce dernier chiffre, il faut le comparer à ceux qui se rapportent à la population agricole. Voici le tableau qui facilitera cette comparaison :

	Nombre.	Proportion.
Propriétaires cultivant exclusivement leurs terres avec leur famille ou avec l'aide d'autrui.	2.150.696	31.2
Propriétaires cultivant leurs terres et travaillant, en outre, pour autrui. .	1.374.646	19.9
Total	3.525.342	51.1
Personnes non propriétaires travaillant pour autrui	3.388.162	48.9
Total des chefs de famille ou d'exploitation de la population agricole . .	6.913.604	100.00

Ainsi, plus de la moitié de nos cultivateurs sont propriétaires; et sur ce nombre on en trouve *2,150,000* dont les propriétés sont assez étendues pour qu'ils puissent se consacrer exclusivement à leur culture. On compte encore,

1,374,000 chefs de famille qui sont, en même temps, propriétaires et salariés. Enfin, ce que l'on serait tenté d'appeler le prolétariat rural comprend 3,388,000 familles ou personnes. Ce n'est là toutefois qu'une apparence, et on ne saurait trop insister sur ce point. Voici, en effet, comment est réparti ce nombre entre les différentes catégories de travailleurs ruraux :

Cultivateurs non propriétaires.	Nombre.
Fermiers	468.184
Métayers	194.448
Régisseurs	17.966
Journaliers	753.313
Domestiques de ferme	1.954.251
Total	3.388.162

Il est évident que les fermiers métayers et régisseurs ne sont pas des prolétaires. Ce groupe doit donc être compté à part. Les fermiers, notamment, sont la plupart du temps beaucoup plus fortunés que les modestes propriétaires dont les domaines constituent la seule richesse. Enfin, il ne faut pas oublier que beaucoup de journaliers ou domestiques non propriétaires sont les filles, les fils ou les héritiers des propriétaires ruraux que nous avons dénombrés. Ce serait donc commettre une erreur bien grossière que de ranger dans la classe des prolétaires tant de personnes qui sont, en réalité, attachés au sol par les liens les plus puissants.

Quelle que soit la passion que l'on apporte dans de pareilles discussions, il nous semble impossible de méconnaître la portée de cette observation, et de ne pas distinguer dans le groupe des journaliers ou des domestiques, les propriétaires de demain.

Peut-on admettre, tout au moins, que cette catégorie de travailleurs comprenne un nombre croissant de personnes, et que le petit propriétaire dépossédé tende à disparaître? C'est, en réalité, l'opinion contraire qu'il faut adopter. Le nombre des propriétaires-cultivateurs s'accroît, et celui des cultivateurs non propriétaires diminue. En voici la preuve.

	1862	1882
	—	—
1° Propriétaires cultivant exclusivement leurs biens	1.812.573	2.150.696
Propriétaires cultivant leurs biens et travaillant pour autrui. . .	1.987.186	1.374.646
Total	3.799.759	3.525.342

2° Non propriétaires.	3.563.306	3.388.162
Total	7.363.065	6.913.504

La perte de l'Alsace et de la Lorraine nous ayant fait perdre environ 187,000 propriétaires ruraux, la diminution qu'accusent les chiffres de 1862 et 1882 est, en réalité, insignifiante; le nombre total des propriétaires n'a pas changé. En revanche, celui des cultivateurs consacrant uniquement leur travail à la terre qu'ils possèdent s'est accru d'une façon très notable; il passe de *1,812,000* en 1862, à *2,450,000* en 1882; c'est une différence absolue de 338,000, et un écart relatif de 18 0/0. Ce fait a une importance considérable. Il prouve avec quelle force le travailleur rural est rattaché au sol; il nous fait voir, en même temps, que la division des héritages n'a pas été poussée trop loin. Ces domaines qui assurent au propriétaire la subsistance ou le bien-être, en échange d'un travail opiniâtre, n'ont pas les dimensions exiguës qu'on leur attribue volontiers.

Parmi les agriculteurs qui ne sont pas propriétaires, il est facile de distinguer ceux dont le nombre diminue.

Voici les chiffres qui révèlent ces variations :

	1862	1882
	—	—
Régisseurs	10.215	17.966
Fermiers	386.533	468.184
Métayers	201.527	194.448
Journaliers	869.254	753.313
Domestiques de ferme	2.095.777	1.954.251
Totaux	3.563.306	3.388.162

La diminution que ces totaux nous indiquent porte presque exclusivement sur les journaliers et les domestiques de ferme. C'est parmi eux, très probablement, et parmi les métayers que l'on trouve les travailleurs économes dont le pécule sans cesse grossi permet l'acquisition d'un fonds de terre. Il nous semble bien difficile d'admettre que ces propriétaires nouveaux viennent jamais se joindre à l'armée des mécontents. On les étonnerait fort, sans doute, et on les indignerait assurément, si on leur parlait d'appropriation collective des moyens de production. Il connaissent un moyen plus honorable et plus sûr d'arriver à la possession paisible d'un coin de terre qui soit à eux : celui qui consiste à beaucoup travailler pour pouvoir l'acquérir. Ce que nous venons de dire suffit pour montrer que la propriété du sol n'est pas en France un monopole qu'on puisse détruire. Il nous reste à parler maintenant du second problème indiqué au début de cet article, c'est-à-dire à la division de la culture.

Voici ce que nous apprend, à cet égard, la statistique de 1882 :

Exploitations rurales.	Nombre.	Surface.
—	—	—
De 0 à 1 hectare	2.167.667	1.083.833
1 à 10 —	2.635.030	11.366.274
10 à 40 —	727.222	14.845.650
Au-dessus de 40 hectares	142.088	22.266.200
Total.	5.672.007	49.561.861

Il existe donc, en France, 5,600,000 exploitations rurales. Assurément, les moins étendues sont celles qui l'emportent par le nombre. La petite culture de 0 à 10 hectares comprend à elle seule 4,800,000 exploitations. En revanche, la surface qui lui est consacrée ne dépasse pas 12 millions d'hectares, soit le quart environ de la superficie cultivée de notre pays. On voit, au contraire, que 727,000 exploitations de moyenne étendue couvrent 14 millions d'hectares, et que nos 142,000 grandes exploitations embrassent, à elles seules, 22 millions d'hectares. Cette statistique n'est pas en désaccord avec celle qui se rapporte à la division de la propriété. L'étendue des exploitations est réglée par les lois spéciales auxquelles l'intérêt des propriétaires comme celui des cultivateurs exige que l'on se soumette. C'est la nature des produits, la richesse des populations, la nature du sol et le climat qui décident de l'étendue assignée aux exploitations rurales. On voit, donc les grands domaines divisés en petites exploitations ou les petites propriétés réunies en un seul corps de ferme, là où ces dimensions différentes assurent au propriétaire un fermage plus élevé parce qu'elles permettent, en même temps, au cultivateur, de réaliser un profit plus considérable. Dans son admirable ouvrage sur les systèmes de culture, H. Passy a mis en lumière cette vérité, et l'étude des faits nous a conduits aux mêmes conclusions. « Au reste, dit-il, nous n'avons pas besoin de chercher hors de France la preuve qu'entre les dimensions des propriétés et celles des cultures n'existe aucune similitude nécessaire. Tout ce qui distingue, dans notre pays, les plus vastes domaines des autres, c'est qu'ils se composent d'un plus grand nombre d'exploitations contiguës, mais d'exploitations qui, remises à des fermiers divers, n'ont chacune que la contenance en usage dans les lieux où elles existent. Cela est vrai dans les départements du Centre et de l'Ouest, où les métairies et les locatures des grandes terres se trouvent dans leur voisinage; cela est vrai encore dans le riche département du Nord, où les propriétaires se garderaient bien de réunir en une seule des fermes dont le produit considérable atteste la parfaite appropriation aux exigences de la consommation locale; cela, en un mot, est vrai partout, parce que partout il est pour les cultures des proportions d'étendue qui dépendent de causes tout autres que le degré d'opulence de ceux dont les revenus en proviennent. »

Le passage suivant est aussi remarquable par

la hauteur des vues que par la justesse de la pensée.

« Au fond, les exploitations rurales ne sont que des fabriques de denrées, et, comme toutes les fabriques possibles, elles tendent naturellement à revêtir ou à garder les formes qui, suivant les lieux, assurent le meilleur emploi des capitaux et du travail. En quelque nombre de mains que soit répartie la propriété, rien ne saurait prévaloir contre la nécessité de les approprier aux convenances de la production, et tout propriétaire, qui, dans n'importe quel but, voudrait imposer aux siennes des dimensions autres que celles dont l'expérience locale atteste la supériorité, en serait puni par l'affaiblissement de ses revenus. »

La prétendue supériorité de la petite culture sur la grande n'est pas mieux établie que celle des grandes exploitations sur les petites. Voilà ce qui ressort avec évidence des observations si précises de M. Passy.

Regretter, notamment, que la petite culture n'embrasse pas une surface plus étendue, c'est faire preuve de légèreté. La division des domaines ruraux, en exploitations de plus faible étendue, résulte de circonstances économiques et agricoles que le législateur ne peut modifier.

A cet égard, son intervention n'est pas seulement inutile ; en admettant qu'elle fût possible, elle serait encore dangereuse. Conduite d'après d'autres règles, la culture du sol deviendrait moins lucrative, et l'on reviendrait, nécessairement, au système qui évitait de pareils désastres, là où il a été abandonné.

M. Passy, que nous aimons à citer, dit encore, à ce propos : « Produire au meilleur marché possible afin de pouvoir vendre au même prix que les autres producteurs, voilà la nécessité qui ne cesse pas plus de régir le travail agricole que le travail industriel. Cette nécessité, tous les cultivateurs la connaissent ; tous, propriétaires ou fermiers, lui obéissent, parce que tous savent que la terre, aussi bien que les capitaux mobiliers, ne demeure pas longtemps aux mains qui ne savent pas en mettre à profit toute la fécondité ! »

Il est très probable, d'ailleurs, que la petite culture fait quelque progrès, tandis que les grandes exploitations tendent à diminuer à la fois de nombre et d'étendue.

Le tableau suivant va montrer ce double mouvement.

Exploitations.	1862	1882
—	—	—
De 0 à 10 hectares	2.435.401	2.635.000
De 10 à 40 hectares	636.309	727.222
Au-dessus de 40 hectares.	154.167	142.088

Il est visible que le nombre des petites exploitations s'est accru, malgré la perte de l'Alsace Lorraine, où l'on en comptait beaucoup.

En revanche, les grandes exploitations sont plus rares en 1882 qu'en 1862. Il ne faut pas oublier, en outre, qu'on a, sans doute, rangé dans cette dernière catégorie les grandes étendues de forêts, landes et pâtures appartenant aux communes aussi bien qu'aux particuliers.

Tels sont les faits que nous révèlent nos statistiques officielles, et, en particulier, la dernière publication du ministère de l'agriculture (1882), si remarquable à bien des titres. Pour achever l'étude de la division de la culture en France, il nous faudrait parler de l'influence qu'exerce la grande culture sur la diffusion des progrès agricoles. Ce sujet nous entraînerait trop loin. Nous aurons assurément l'occasion de l'aborder quelque jour.

BIBLIOGRAPHIE

Le lecteur trouvera tous les renseignements relatifs à la division de la propriété ou de la culture, en France et à l'étranger dans les tableaux et dans l'introduction de l'ouvrage suivant :

Statistique agricole de la France, publiée par le ministère de l'agriculture. 1 vol. in-4°. Paris, Berger-Levrault, 1887.

On pourra consulter également :

Le Morcellement, par A. de Foville. 1 vol. in-8°. Paris, Guillaumin.

La France économique, par A. de Foville. 1 vol. in-18°. Paris, Colin.

Des Systèmes de culture, par H. Passy. 1 vol. in-8°. Paris, Guillaumin.

XXI

Études de M. Dehérain sur la nitrification des matières azotées de la terre arable, et sur les eaux de drainage des terres nues ou cultivées (1). — Importance scientifique et portée économique de ces travaux.

M. Dehérain étudie depuis plusieurs années une question de chimie agricole qui présente un grand intérêt scientifique et en même temps une importance économique de premier ordre. Nous voulons parler de ses remarquables travaux sur la nitrification des matières azotées de la terre arable.

Tout le monde sait, aujourd'hui, grâce aux expériences classiques de Boussingault, que les nitrates servent d'aliments aux plantes, et l'usage de ces sels en agriculture est entré, depuis vingt-cinq ou trente ans, dans la pratique courante. Alors même que l'on n'incorpore pas au

(1) *Annales agronomiques*. — Masson, éditeur (nos de février 1893 et janvier 1894).

sol, sous forme de fumures complémentaires, des nitrates, c'est-à-dire des combinaisons de l'acide nitrique avec des bases diverses, l'analyse chimique nous prouve qu'il existe de l'azote nitrique dans les terres arables.

On sait, aujourd'hui, que les matières azotées peuvent, en effet, être nitrifiées sous l'influence d'un ferment figuré. Les belles recherches de MM. Schlœsing et Müntz ont mis ce fait en évidence. On peut même admettre que la matière organique azotée de la terre arable est transformée en nitrates sous l'action combinée de trois micro-organismes.

Le premier aurait pour rôle de décomposer les matières organiques et d'amener la formation d'une certaine quantité d'ammoniaque. Le second oxyderait l'ammoniaque en la transformant en acide nitreux, ou en nitrite par suite de la combinaison rapide de cet acide avec une base. Enfin, le troisième, appelé plus spécialement ferment nitrique, transformerait par oxydation les nitrites en nitrates.

Dans quelles conditions, et à quels moments la nitrification des matières organiques azotées s'opère-t-elle dans le sol arable? Ce problème très complexe et très vaste a une importance extrême que nous allons essayer de mettre en lumière.

Les ferments divers qui produisent des nitrates ne possèdent toute leur activité que dans les terres légèrement calcaires, humides et aérées. Les quantités de nitrates formées progressivement sont, d'ailleurs, variables suivant les saisons. Pour mettre ce fait en évidence, on peut profiter de l'extrême solubilité des nitrates dans les eaux qui traversent le sol et analyser, par exemple, des eaux de drainage à différentes époques de l'année. Il est, en outre, nécessaire de procéder à cette étude sur des terres *nues*, car les plantes s'emparent des nitrates dissous, et l'analyse des eaux de drainage des terres ensemencées n'indiquerait pas la quantité de nitrates réellement formée. Enfin, les fumures incorporées au sol exercent une action certaine et facile à prévoir sur la nitrification.

Dans son beau Mémoire sur le « Travail du sol et la Nitrification », M. Dehérain indique les résultats des analyses qu'il a exécutées. Les chiffres suivants se rapportent aux quantités d'azote nitrique contenues dans les eaux de drainage écoulées de terres différentes fumées à raison de 60,000 kilogrammes de fumier de ferme à l'hectare, ou maintenues sans engrais (1891) :

	Poids d'azote nitrique par hectare dans des terres	
	Sans engrais.	Fumées.
Printemps	21k87	52k21
Été	15.21	24.79
Automne	31.69	42.89
Hiver	15.17	19.44

Dans les terres sans engrais, la nitrification est assez faible au printemps et ne devient considérable qu'à l'automne. C'est là une fâcheuse circonstance. Les nitrates doivent, au contraire, être mis à la disposition des plantes à l'époque du printemps.

Pour satisfaire aux exigences des plantes cultivées, il faut donc ajouter au sol des matières aisément nitrifiables.

Dans les terres fumées avec du fumier de ferme on voit, en effet, que la quantité de nitrate formée est beaucoup plus considérable. Il suffit de jeter les yeux sur le tableau précédent pour s'en convaincre (1).

On sait aussi que les agriculteurs ont l'habitude d'ajouter des nitrates aux fumures d'automne, et de répandre ces nitrates au printemps. Cette pratique est expliquée et justifiée par l'étude de la nitrification.

Serait-il possible d'éviter, au moins en partie, les dépenses de fumure, et de provoquer dans nos terres, au moment voulu, une nitrification active? « Si nous savions, dit M. Dehérain, faire entrer en jeu à volonté les ferments nitriques, nous pourrions nous abstenir de répandre du nitrate de soude; son intervention n'est nécessaire que pour compenser l'insuffisance de la nitrification du printemps. »

Il est inutile d'insister sur l'intérêt scientifique et économique du problème; cherchons seulement de quelle façon il peut être résolu.

Les expériences nombreuses de M. Dehérain prouvent que les façons multipliées, correspondant à la trituration et à l'aération du sol, ont précisément pour effet de déterminer une nitrifi-

(1) *Annales agronomiques*, t. XIX, p. 405.

cation beaucoup plus active. Des expériences précises ont été faites à Grignon et ne laissent aucun doute à cet égard.

Des terres de diverses origines furent divisées en deux lots et soumises à des traitements différents. Celles du premier lot furent remuées et étalées avec soin sur le sol carrelé du bâtiment de la station agronomique. Celles du second lot ne furent soumises à aucune manipulation. Voici, maintenant, les résultats des dosages de l'azote nitrique formé au bout de six semaines :

Origine des terres.		Azote nitrique dans 100 grammes de terre.
Grignon . . .	non remuée.	0gr002
	remuée.	0. 044
Auvergne . .	non remuée.	0. 002
	remuée.	0. 051
Auvergne . .	non remuée.	0. 002
	remuée.	0. 071

Pour chaque terre de même origine, l'influence de la trituration est extrêmement marquée. Il est, donc, certain que l'on peut accroître de cette façon l'activité des ferments nitriques. En variant et en multipliant les essais; M. Dehérain a acquis la conviction que les quantités d'azote nitrique formées dans le sol après des façons nombreuses et semblables à celles qu'ont subies les lots mis en expérience dépasseraient notablement le poids qu'exigent les récoltes les plus abondantes.

Comment peut-on expliquer l'influence si décisive et si curieuse de la trituration du sol sur la quantité des nitrates formés. M. Dehérain cite l'opinion de M. Schlœsing qui s'exprime à cet égard de la façon suivante : « En remuant la terre, on favorise l'œuvre des organismes qui sont les agents de la combustion. On conçoit que dans les milieux liquides les êtres microscopiques puissent se déplacer aisément et porter leur action sur tous les points. Mais, dans la terre, ils ne jouissent pas de cette faculté de transport; ils ne trouvent sur la surface des éléments d'une terre moyennement humide que des couches d'eau infiniment minces peu propices à leur déplacement; ils agissent donc sur place, et, quand ils ont consommé la plus grande partie des aliments à leur portée, leur travail doit se ralentir. Si l'on émiette la terre, on les répand en des endroits où ils trouvent de nouvelles ressources, où ils se développent et travaillent avec activité. De là, le redoublement de la combustion. » Ce que M. Schlœsing dit ici de la combustion s'applique à la nitrification.

Quelles sont maintenant les conséquences agricoles des faits observés par M. Dehérain? C'est que la trituration des terres au printemps permet d'obtenir des quantités d'azote nitrique qui atteignent et dépassent les exigences des plus fortes récoltes. Sans doute, il ne s'agit encore que d'expériences exécutées au laboratoire, et M. Dehérain est le premier à nous prévenir de l'incertitude qui pèse sur les résultats des essais tentés en pleins champs. Des expériences nombreuses permettront de vérifier les découvertes déjà faites et d'en montrer les applications possibles. En tous cas, les faits si instructifs que l'auteur nous révèle expliquent déjà des pratiques agricoles séculaires. « En octobre ou en novembre, dit-il, on donne les grands labours; le sol ouvert par la charrue recueille, absorbe, emmagasine les eaux d'hiver qui glisseraient sans pénétrer sur une terre durcie par le soleil et damée par la pluie ; la charrue exécute très bien ce premier travail, elle se borne à retourner la motte qu'elle soulève sans la briser, toutes les molécules se déplacent parallèlement les unes aux autres, il n'y a pas de trituration, et il ne faut pas qu'il y en ait, si la terre doit rester découverte pendant tout l'hiver, car la trituration déterminerait une nitrification active absolument préjudiciable ; les nitrates formés seraient dissous, entraînés, perdus.

« Aussitôt qu'approche l'époque des semailles, il faut, au contraire, que cette trituration soit aussi complète que possible ; c'est le moment de faire entrer en jeu les herses, les rouleaux, les scarificateurs, et, quand les plantes sont levées, il faut encore, par des binages répétés, émietter le sol, le pulvériser, le triturer avec d'autant plus de soin qu'on cultive une plante plus exigeante ; on a remarqué que le poids des betteraves obtenues est en raison du nombre de binages exécutés.

« Quelle est l'utilité de ces travaux incessants ? Visiblement, l'ameublissement du sol présente des avantages multiples, mais il semble établi par les expériences précédentes qu'un de ces avantages est de provoquer la transformation de la matière azotée inerte du sol en nitrates essentiellement assimilables et par suite de fournir à la plante un des éléments de fertilité tellement efficace que nous n'hésitons pas à nous imposer de lourdes dépenses pour nous le procurer. »

On voit quels sont l'intérêt et la portée des travaux dont venons de donner une courte analyse.

L'étude de la nitrification n'est pas moins instructive à un autre point vue.

Quand on verse sur de la terre une dissolution de sels ammoniacaux, comme le sulfate d'ammoniaque, du carbonate de potasse, par exemple, on constate que l'eau, filtrant à travers, la masse de de terre s'est notablement appauvrie. La terre arable a la propriété d'absorber et de retenir une partie des sels de la dissolution. En faisant la même expérience avec de l'eau chargée de nitrates, on constate, au contraire, que la solution, après filtrage au travers du sol, n'a pas changé de composition. La terre, qui absorbe et retient les sels amoniacaux, laisse filtrer les nitrates. Lorsque le sol est ensemencé, les nitrates, si facilement solubles dans l'eau, sont mis à la disposition des plantes, qui les assimilent après les avoir aspirés par leurs multiples racines. La solubilité des nitrates a pourtant un inconvénient fort grave au point de vue économique. Entraînés par les pluies, mal retenus par la terre, dont les propriétés absorbantes sont pourtant si curieuses, les nitrates emportent avec eux une partie de l'azote que le cultivateur est ensuite forcé de restituer au sol à grands frais, sous forme de fumures.

Pour observer ce phénomène si important de la disparition graduelle des nitrates dissous dans les eaux et emportés par elles à travers le sol, il suffit, précisément, de recueillir, au passage, quelques échantillons de ces eaux, et de les analyser pour y reconnaître la présence de l'acide nitrique. La chimie dispose, aujourd'hui, à cet effet, des méthodes les plus précises. On sait, en outre, que beaucoup de terres humides à l'excès sont assainies au moyen de tuyaux souterrains appelés drains qui facilitent l'écoulement des eaux et permettent au besoin de les recueillir.

Pour étudier la composition des eaux de drainage dans leur rapport avec la nitrification, M. Dehérain a eu recours à une méthode ingénieuse. Il a fait établir dans le champ d'expériences de Grignon des cases de végétation parfaitement étanches, mais pourvues à leur partie inférieure d'un orifice qui permet aux eaux de s'écouler dans une bonbonne où on les recueille. Ces grands cubes de terre enfoncés dans le sol sont soumis aux influences atmosphériques ordinaires, et reçoivent notamment les pluies.

Grâce à ce dispositif ingénieux, M. Dehérain a pu instituer une série d'expériences nouvelles permettant de déterminer les conditions dans lesquelles la nitrification s'opère au sein de la terre, et de préciser les quantités de nitrates enlevées au sol par les eaux qui le traversent.

Ces conditions sont fort variables, et ces quantités très différentes.

Parmi les nombreuses conclusions des recherches auxquelles s'est livré l'éminent professeur de Grignon, il en est une que nous avons déjà indiquée ici même et qu'il nous paraît utile de rappeler.

Dans les terres nues, c'est-à-dire ne portant aucune récolte, c'est surtout en automne, à la suite des premières pluies, que les eaux de drainage sont chargées d'une grande quantité de nitrates. Elles renferment, à ce moment, 79 grammes d'azote nitrique par mètre cube, et, dans les terres fumées, cette quantité peut s'élever à 130 grammes. La perte éprouvée par le cultivateur est donc très grande à cette époque de l'année où la terre se trouve précisément dans les conditions qu'indique M. Dehérain.

Que faudrait-il faire pour atténuer ces pertes et conserver dans le sol cette richesse qui disparaît? Ne conviendrait-il pas de saisir au passage ces nitrates, de les fixer en quelque sorte, pour en éviter la perte? Et, si notre hypothèse est admissible, quelle méthode doit-on suivre pour atteindre ce but? L'intérêt économique de cette question est si visible qu'il nous paraît inutile d'insister pour le montrer.

M. Dehérain a pensé qu'il serait possible et

avantageux de se servir des plantes elles-mêmes pour s'emparer des nitrates à l'automne, et éviter les pertes éprouvées par les terres nues.

En retournant le sol à l'époque des semailles, ou un peu avant cette époque, on arriverait à conserver sous forme d'engrais vert la richesse gaspillée aujourd'hui par ignorance.

Les récoltes qu'on appelle « récoltes dérobées d'automne » ne pourraient-elles pas rendre les mêmes services, et utiliser, en les emmagasinant, une partie des nitrates qui risqueraient sans cela de disparaître avec les eaux pluviales? C'est précisément pour répondre à ces questions et étudier l'action qu'exercent les plantes cultivées sur l'écoulement des eaux de drainage ou les pertes d'azote nitrique, que M. Dehérain a institué depuis trois ans une nouvelle série d'expériences.

Les résultats en ont été publiés dans les *Annales agronomiques* (numéros de février 1893 et janvier 1894).

Tandis que la terre nue servant de témoin laissait couler une grande quantité d'eau *entraînant beaucoup d'azote nitrique,* les parcelles cultivées en prairie, trèfle, ou avoine, ont fourni des résultats très différents :

Le poids de l'eau recueillie a été trois fois moins grand, et, en conséquence, la perte d'azote nitrique a été trois fois moins considérable.

D'autre part, M. Dehérain a mis parallèlement en expérience deux parcelles dont l'une portait de la vesce semée immédiatement après blé, dont l'autre avait été laissée nue après la récolte de cette céréale.

Les pertes d'azote nitrique ont été quatre fois plus considérables pour la parcelle qui ne portait pas de culture dérobée (vesce) que pour l'autre parcelle cultivée de cette façon après la récolte du blé.

« Laisser les terres sans culture pendant l'arrière-saison, dit avec raison M. Dehérain, est donc une pratique extrêmement dangereuse. C'est l'occasion de pertes pouvant s'élever à 40 kilogr. d'azote nitrique ou à ce qui existe dans 330 kilogr. de nitrate de soude valant 76 fr. Ainsi que je l'ai dit déjà, c'est le prix du loyer des terres de médiocre qualité dans une grande partie de la France. »

De nouvelles expériences faites durant l'année 1893 ont donné les mêmes résultats et autorisent les mêmes conclusions.

L'auteur résume, en effet, ses derniers travaux de la façon suivante :

1° Les pertes par drainage sont au maximum dans les terres en jachère; non seulement les eaux qui s'écoulent de ces terres sont plus abondantes, mais aussi plus chargées (en nitrates) que celles qui proviennent des terres emblavées.

2° Les pertes sont réduites au minimum dans les terres couvertes de végétaux; en effet, les eaux qui arrivent aux drains pendant l'été sont très peu abondantes; souvent même, quand la pluie n'arrive pas par violentes ondées, les drains ne coulent pas, toute l'eau tombée est rejetée dans l'atmosphère par la transpiration végétale; pendant l'hiver, il est vrai, les eaux traversent les terres de prairies ou les terres couvertes de blé d'hiver; mais, les racines ayant la propriété de retenir les nitrates, les pertes sont réduites au minimum.

L'importance de ces recherches est trop grande pour que nous les perdions de vue. L'occasion se présentera bientôt de signaler celles qui les compléteront, et d'en indiquer les applications.

BIBLIOGRAPHIE

Le lecteur trouvera les indications les plus précises et les plus complètes sur les questions de chimie agricole et de physiologie végétale traitées ici, dans l'ouvrage suivant :

Traité de Chimie agricole, par M. P.-P. Dehérain, membre de l'Institut, professeur au Muséum et à l'Ecole de Grignon. 1 vol. in-8°. Paris, Masson.

Consulter, également, la collection des :

Annales agronomiques, dirigées par M. Dehérain. Paris, Masson.

Chimie agricole, par M. Schlœsing (dans la collection des aide-mémoire publiée sous la direction de M. Léauté), 1 vol. in 8°. Paris, Masson.

R.F.

TABLE DES CHAPITRES

V

VI

VII

VIII

IX

X

XI

XII

Pages.

XVI

XVII

XVIII

XIX

XX

XXI

Paris. — Imprimerie L. Maretheux, 1, rue Cassette. — 3365.

BIBLIOTHÈQUE NATIONALE RF IMPRIMÉS

www.ingramcontent.com/pod-product-compliance
Lightning Source LLC
LaVergne TN
LVHW011940220826
846092LV00001B/48

* 9 7 8 2 0 1 9 2 3 2 1 9 1 *